普通高等院校电子信息类系列教材

电磁场与电磁波简明教程

刘文楷 董小伟 牛长流 编

北京邮电大学出版社
www. buptpress. com

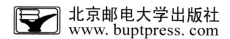

内 容 简 介

本书是作者多年来从事电磁场与电磁波课程教学成果的总结。全书共分6章，内容包括：矢量分析、静电场、恒定电场、稳恒磁场、时变电磁场、平面电磁波的传播。各章后均附小结和习题，索引处给出了常用物理量的符号和单位。本书在编写过程中遵循由特殊到一般、由简单到复杂、循序渐进的原则，内容简练且通俗易懂，力求加强基础、重注物理概念、拓展实际问题。本书可作为普通高等院校相关专业学生的教材或参考用书，也可供工程技术人员参考。

图书在版编目(CIP)数据

电磁场与电磁波简明教程 / 刘文楷，董小伟，牛长流著 .--北京：北京邮电大学出版社，2013.8

ISBN 978-7-5635-3574-3

Ⅰ. ①电… Ⅱ. ①刘… ②董… ③牛… Ⅲ. ①电磁场—高等学校—教材②电磁波—高等学校—教材 Ⅳ. ①O441.4

中国版本图书馆 CIP 数据核字(2013)第 165800 号

书　　　名：电磁场与电磁波简明教程
著作责任者：刘文楷　董小伟　牛长流　编
责 任 编 辑：何芯逸　张国申
出 版 发 行：北京邮电大学出版社
社　　　址：北京市海淀区西土城路10号(邮编：100876)
发　行　部：电话：010-62282185　传真：010-62283578
E-mail：publish@bupt.edu.cn
经　　　销：各地新华书店
印　　　刷：北京联兴华印刷厂
开　　　本：787 mm×1 092 mm　1/16
印　　　张：9
字　　　数：206 千字
印　　　数：1—3 000 册
版　　　次：2013年8月第1版　2013年8月第1次印刷

ISBN 978-7-5635-3574-3　　定　价：22.00 元

· 如有印装质量问题，请与北京邮电大学出版社发行部联系 ·

符号、物理量及单位

符号	物理量	国际单位	简写
$\boldsymbol{A}$	矢量磁位	韦伯/米	Wb/m
$\boldsymbol{B}$	磁通密度	特拉斯或韦伯/平方米	T 或 Wb/m^2
C	电容	法拉	F
$\boldsymbol{D}$	电通密度	库仑/平方米	C/m^2
d	距离,直径	米	m
$\boldsymbol{E}$	电场强度	伏特/米	V/m
$\boldsymbol{H}$	磁场强度	安培/米	A/m
I	电流	安培	A
$\boldsymbol{J}_V$	体电流密度	安培/平方米	A/m^2
$\boldsymbol{J}_S$	面电流密度	安培/米	A/m
L	电感	亨利	H
l	长度	米	m
$\boldsymbol{M}$	磁化强度矢量	安培/米	A/m
$\boldsymbol{P}$	极化强度矢量	库仑/平方米	C/m^2
Q,q	电荷	库仑	C
R	电阻	欧姆	Ω
S	坡印廷矢量	瓦特/平方米	W/m^2
$\boldsymbol{S}_{av}$	平均坡印廷矢量	瓦特/平方米	W/m^2
U	电压	伏特	V
W	能量	焦耳	J
ω	角频率	弧度/秒	rad/s
ε	介电常数	法/米	F/m
ε_r	相对介电常数	无纲量	
λ	波长	米	m
μ	磁导率	亨/米	H/m
μ_0	真空磁导率	亨/米	H/m
μ_r	相对磁导率	无纲量	
ρ_l	线电荷密度	库仑/米	C/m
ρ_s	面电荷密度	库仑/平方米	C/m^2
ρ_V	体电荷密度	库仑/立方米	C/m^3
σ	电导率	西门子/米	S/m
Φ	磁通	韦伯	Wb
Ψ	电通	库仑	C
χ_e	电极化率	无纲量	
χ_m	磁化率	无纲量	

前言

电磁场理论是高等工科院校电类专业的一门专业基础课，同时也是一些交叉学科和新兴边缘科学发展的基础。电类专业的学生必须具备相关的知识，才能适应社会对高素质人才的需求。

由于目前很多电磁场理论教学用书内容过于繁杂，学生普遍感到概念抽象、难学难懂。为了适应当前高等教育改革的特点，在总结多年教学经验的基础上，编写《电磁场与电磁波简明教程》，力求加强基础，重注物理概念，拓展实际问题，以激发学生对这门课程的兴趣，培养学生对基础知识的牢固掌握和灵活运用能力。

本书作为高等工科院校电类专业本科生学习电磁场理论的一本简明教学用书，在编写过程中遵循由特殊到一般、由简单到复杂、循序渐进的原则，重注电磁模型的建立和定性分析，有意识地加强学生对基本规律、基本概念和基本分析方法的理解和掌握程度。本书的主要特色如下：

(1) 以矢量分析作为第1章，使学生掌握分析学习“场”的数学工具，为后续描述电磁场基本特征打下数学基础。

(2) 以基本实验现象为起点，引出“静电场”和“恒定磁场”的概念；以基本方程为主线，结合边值问题，提出静电场和恒定磁场的分析方法，突出知识点的联系和区别。

(3) 以麦克斯韦方程为基础，引出时变电磁场的基本特征和平面波的传播规律，注重知识的概念性和延续性。

(4) 每章正文均设小标题，层次分明；各章后均附小结，重点突出；选编难易结合的习题，以便不同层次的学生可根据自身情况来加强对知识点的理解。

全书共分为6章，即矢量分析、静电场、恒定电场、稳恒磁场、时变电磁场和平面电磁波的传播。每章均附有小结和习题。

由于水平有限，对于书中的不妥和错误之处，衷心欢迎使用本书的师生和其他读者批评指正。

目 录

第1章 矢量分析

电磁场理论着重研究电磁现象及电磁场与电磁波的基本规律，其中所涉及的一些物理量，如电场强度、磁场强度等都具有确切的物理意义。当这些物理量与空间坐标或方向有关时，通常须采用矢量的方法进行描述，这些矢量在空间的分布就构成所谓的矢量场。为了方便后续各章的学习，本章首先介绍一些基本的矢量分析和场的相关知识。

1.1 标量和矢量

1.1.1 标量

只有大小的物理量称为标量，如温度、质量、功等。

1.1.2 矢量

既有大小，又有方向的物理量称为矢量，如力、速度、加速度、电场强度等。本书统一用黑斜体的英语字母表示矢量。两个矢量 $\boldsymbol{A}$、$\boldsymbol{B}$ 只有在大小相等、方向相同时，才能称两个矢量相等，即 $\boldsymbol{A}=\boldsymbol{B}$。在坐标系中，矢量用有方向的线段来表示，有向线段的长度表示矢量的大小，有向线段的指向表示矢量的方向。

1.1.3 单位矢量

模为1的矢量称为单位矢量，单位矢量的方向与矢量的方向一致。本书单位矢量以 $\boldsymbol{e}$ 来表示，即 $\boldsymbol{e}_a=\boldsymbol{A}/|\boldsymbol{A}|$，因此 $\boldsymbol{A} = A\boldsymbol{e}_a$，其中 $A=|\boldsymbol{A}|$。

1.1.4 矢量的分量

坐标系中的一个矢量可以用三个方向上的分量来表示。例如，在直角坐标系中，矢量 $\boldsymbol{A}$ 可以表示为

$$\boldsymbol{A}=A_x\boldsymbol{e}_x+A_y\boldsymbol{e}_y+A_z\boldsymbol{e}_z \tag{1-1}$$

其中，A_x，A_y，A_z 分别为 x，y，z 三个坐标轴上的分量，$\boldsymbol{e}_x$，$\boldsymbol{e}_y$，$\boldsymbol{e}_z$ 分别表示三个坐标轴方向上的单位矢量。

在直角坐标系中，$\boldsymbol{e}_{\mathrm{a}}$ 可表示为

$$\boldsymbol{e}_{\mathrm{a}}=\frac{A_x}{|\boldsymbol{A}|}\boldsymbol{e}_x+\frac{A_y}{|\boldsymbol{A}|}\boldsymbol{e}_y+\frac{A_z}{|\boldsymbol{A}|}\boldsymbol{e}_z \tag{1-2}$$

1.1.5 矢量的运算

1）矢量的加法

矢量的加法运算满足平行四边形法则，表示为

$$\boldsymbol{A}+\boldsymbol{B}=\boldsymbol{C} \tag{1-3}$$

如图 1.1 所示。矢量加法满足交换律，即

$$\boldsymbol{A}+\boldsymbol{B}=\boldsymbol{B}+\boldsymbol{A} \tag{1-4}$$

同时，矢量的加法也满足结合律，即

$$(\boldsymbol{A}+\boldsymbol{B})+\boldsymbol{C}=\boldsymbol{A}+(\boldsymbol{B}+\boldsymbol{C}) \tag{1-5}$$

两个矢量相加就是对应坐标轴上的分量相加。例如，在直角坐标系中，若矢量 $\boldsymbol{A}=A_x\boldsymbol{e}_x+A_y\boldsymbol{e}_y+A_z\boldsymbol{e}_z$，矢量 $\boldsymbol{B}=B_x\boldsymbol{e}_x+B_y\boldsymbol{e}_y+B_z\boldsymbol{e}_z$，则 $\boldsymbol{A}+\boldsymbol{B}$ 在三个坐标轴上的分量分别为 A_x+B_x，A_y+B_y，A_z+B_z。

2）矢量与标量的乘积

一个矢量乘以一个标量的结果仍然是一个矢量，如 $\boldsymbol{C}=b\boldsymbol{A}$，矢量 $\boldsymbol{C}$ 的大小是矢量 $\boldsymbol{A}$ 的 $|b|$ 倍：当 $b>0$ 时，矢量 $\boldsymbol{C}$ 与矢量 $\boldsymbol{A}$ 的方向一致；当 $b<0$ 时，矢量 $\boldsymbol{C}$ 与矢量 $\boldsymbol{A}$ 的方向相反。

3）矢量的点积和叉积

矢量的点积又称为矢量的内积，以“·”表示，即

$$\boldsymbol{A}\cdot\boldsymbol{B}=|\boldsymbol{A}||\boldsymbol{B}|\cos\theta \tag{1-6}$$

其中，θ 为矢量 $\boldsymbol{A}$ 和 $\boldsymbol{B}$ 的夹角，如图 1.2 所示。

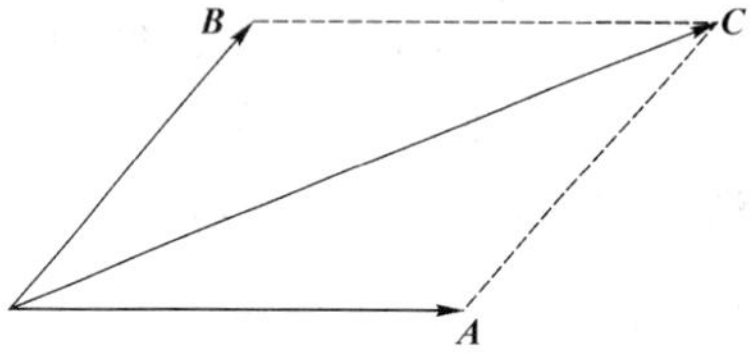

图 1.1 平行四边形法则

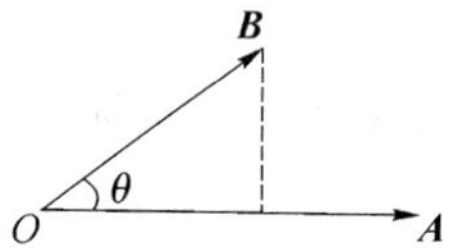

图 1.2 矢量的点积

显然

$$\boldsymbol{A}\cdot\boldsymbol{B}=\begin{cases}0 & \boldsymbol{A}\perp\boldsymbol{B}\\ |\boldsymbol{A}||\boldsymbol{B}| & \boldsymbol{A}/\!/\boldsymbol{B}\end{cases} \tag{1-7}$$

在直角坐标系中，如果矢量 $\boldsymbol{A}$ 和矢量 $\boldsymbol{B}$ 在三个坐标轴上的分量分别为(A_x，A_y，A_z)、(B_x，B_y，B_z)，则两个矢量的点积为

$$\boldsymbol{A}\cdot\boldsymbol{B}=A_xB_x+A_yB_y+A_zB_z \tag{1-8}$$

即两个矢量的点积是一个标量，数值上等于两个矢量对应坐标轴上各分量之积的和。两个矢量之间的点积满足交换律：

$$\boldsymbol{A}\cdot\boldsymbol{B}=\boldsymbol{B}\cdot\boldsymbol{A} \tag{1-9}$$

分配律：

$$\boldsymbol{A}\cdot(\boldsymbol{B}+\boldsymbol{C})=\boldsymbol{A}\cdot\boldsymbol{B}+\boldsymbol{A}\cdot\boldsymbol{C} \tag{1-10}$$

矢量的叉积又称为矢量的外积或矢积，以“×”来表示，即

$$|\boldsymbol{A}\times\boldsymbol{B}|=|\boldsymbol{A}||\boldsymbol{B}|\sin\theta \tag{1-11}$$

其中，θ 为矢量 $\boldsymbol{A}$ 和 $\boldsymbol{B}$ 的夹角。如图 1.3 所示，矢量 $\boldsymbol{A}\times\boldsymbol{B}$ 与矢量 $\boldsymbol{A}$ 和 $\boldsymbol{B}$ 构成右手螺旋关系。

在直角坐标系中，如果两个矢量 $\boldsymbol{A}$ 和 $\boldsymbol{B}$ 分别为 $\boldsymbol{A}=A_x\boldsymbol{e}_x+A_y\boldsymbol{e}_y+A_z\boldsymbol{e}_z$，　$\boldsymbol{B}=B_x\boldsymbol{e}_x+B_y\boldsymbol{e}_y+B_z\boldsymbol{e}_z$，则

$$\boldsymbol{A}\times\boldsymbol{B}=\begin{vmatrix}\boldsymbol{e}_x & \boldsymbol{e}_y & \boldsymbol{e}_z\\ A_x & A_y & A_z\\ B_x & B_y & B_z\end{vmatrix} \tag{1-12}$$

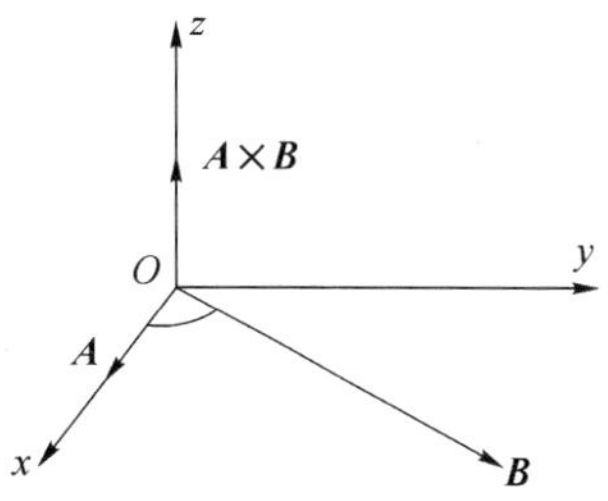

图 1.3　矢量的叉积

1.2　三种坐标系

1.2.1　直角坐标系

直角坐标系由三个相互正交的直线构成，这三条直线分别称为 x 轴、y 轴、z 轴，三轴的交点称为坐标原点 O。直角坐标系中空间任意一点 P 的位置由其在三个坐标轴上的投影确定，如图 1.4 所示，位置矢量是由原点指向 P 点的矢量，可表示为

$$\boldsymbol{r}=x\boldsymbol{e}_x+y\boldsymbol{e}_y+z\boldsymbol{e}_z \tag{1-13}$$

x,y,z 是 P 在三个坐标轴上的投影。

在直角坐标系中，三个方向上的单位矢量 $\boldsymbol{e}_x,\boldsymbol{e}_y,\boldsymbol{e}_z$ 满足以下关系：

$$\left.\begin{array}{l}\boldsymbol{e}_x\cdot\boldsymbol{e}_x=\boldsymbol{e}_y\cdot\boldsymbol{e}_y=\boldsymbol{e}_z\cdot\boldsymbol{e}_z=1\\ \boldsymbol{e}_x\cdot\boldsymbol{e}_y=\boldsymbol{e}_y\cdot\boldsymbol{e}_z=\boldsymbol{e}_x\cdot\boldsymbol{e}_z=0\\ \boldsymbol{e}_x\times\boldsymbol{e}_y=\boldsymbol{e}_z,\boldsymbol{e}_y\times\boldsymbol{e}_z=\boldsymbol{e}_x,\boldsymbol{e}_z\times\boldsymbol{e}_x=\boldsymbol{e}_y\end{array}\right\} \tag{1-14}$$

1.2.2　圆柱坐标系

如图 1.5 所示，在圆柱坐标系中，三个方向上的单位矢量分别为 $\boldsymbol{e}_\rho,\boldsymbol{e}_\phi,\boldsymbol{e}_z$，任意一点的位置可由 ρ,ϕ,z 确定。其中，ρ 为原点 O 到 P 点的距离矢量在 xy 平面上的投影长度；ϕ 为此投影与 x 轴的夹角，通常称为方位角，取值范围在$[0,2\pi]$；z 与直角坐标相同。直角坐标系和圆柱坐标系的各个分量之间的关系为

$$\left.\begin{array}{l}x=\rho\cos\phi\\ y=\rho\sin\phi\\ z=z\\ r^2=\rho^2+z^2\end{array}\right\} \tag{1-15}$$

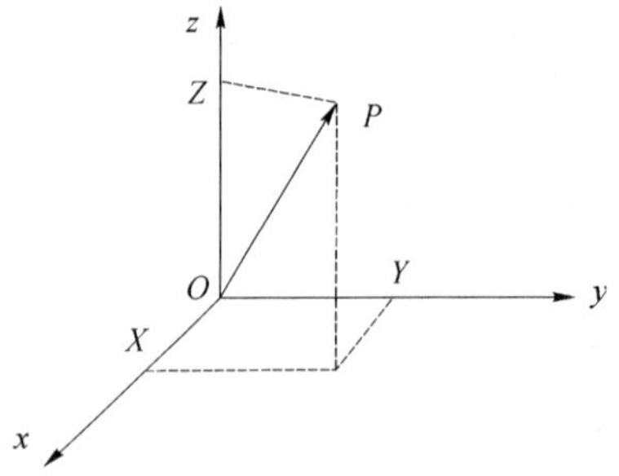

图 1.4　直角坐标系

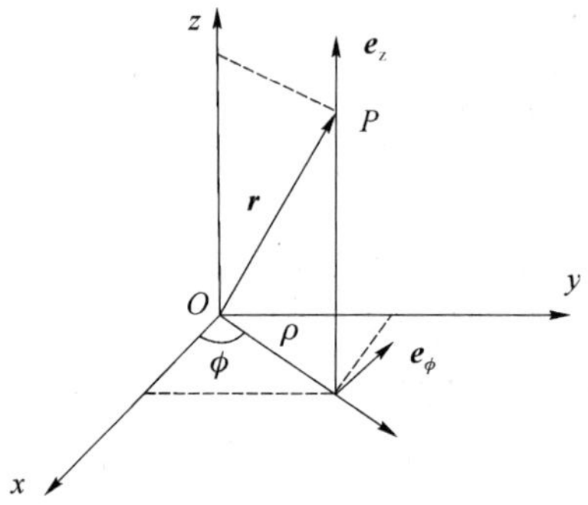

图 1.5　圆柱坐标系

圆柱坐标系中单位矢量的点积和叉积满足如下关系：

$$\left.\begin{aligned}&\boldsymbol{e}_\rho\cdot\boldsymbol{e}_\rho=\boldsymbol{e}_\phi\cdot\boldsymbol{e}_\phi=\boldsymbol{e}_z\cdot\boldsymbol{e}_z=1\\&\boldsymbol{e}_\rho\cdot\boldsymbol{e}_\phi=\boldsymbol{e}_\rho\cdot\boldsymbol{e}_z=\boldsymbol{e}_z\cdot\boldsymbol{e}_\phi=0\\&\boldsymbol{e}_\rho\times\boldsymbol{e}_\phi=\boldsymbol{e}_z,\boldsymbol{e}_\phi\times\boldsymbol{e}_z=\boldsymbol{e}_\rho,\boldsymbol{e}_z\times\boldsymbol{e}_\rho=\boldsymbol{e}_\phi\end{aligned}\right\}\tag{1-16}$$

两种坐标系单位矢量之间的变换关系写成矩阵的形式为

$$\begin{bmatrix}\boldsymbol{e}_\rho\\\boldsymbol{e}_\phi\\\boldsymbol{e}_z\end{bmatrix}=\begin{bmatrix}\cos\phi&\sin\phi&0\\-\sin\phi&\cos\phi&0\\0&0&1\end{bmatrix}\begin{bmatrix}\boldsymbol{e}_x\\\boldsymbol{e}_y\\\boldsymbol{e}_z\end{bmatrix}\tag{1-17}$$

若矢量 $\boldsymbol{A}$ 在直角坐标系中表示为 $\boldsymbol{A}=A_x\boldsymbol{e}_x+A_y\boldsymbol{e}_y+A_z\boldsymbol{e}_z$，而在圆柱坐标系中表示为 $\boldsymbol{A}=A_\rho\boldsymbol{e}_\rho+A_\phi\boldsymbol{e}_\phi+A_z\boldsymbol{e}_z$，其中 A_ρ,A_ϕ,A_z 分别为圆柱坐标系中的分量，则两种坐标系中各分量的变换关系为

$$\begin{bmatrix}A_\rho\\A_\phi\\A_z\end{bmatrix}=\begin{bmatrix}\cos\phi&\sin\phi&0\\-\sin\phi&\cos\phi&0\\0&0&1\end{bmatrix}\begin{bmatrix}A_x\\A_y\\A_z\end{bmatrix}\tag{1-18}$$

1.2.3　球坐标系

如图 1.6 所示，在球坐标系中，任意一点的坐标可用 ρ,ϕ,θ 确定，θ 为矢量与 z 轴正方向的夹角，取值范围为$[0,\pi]$（数学上称为天顶角）。直角坐标系与球坐标系的各个分量之间的关系为

$$\left.\begin{aligned}&x=r\sin\theta\cos\phi\\&y=r\sin\theta\cos\phi\\&z=r\cos\theta\end{aligned}\right\}\tag{1-19}$$

在球坐标系中，单位矢量满足的点积和叉积的关系为

$$\left.\begin{aligned}&\boldsymbol{e}_r\cdot\boldsymbol{e}_r=\boldsymbol{e}_\phi\cdot\boldsymbol{e}_\phi=\boldsymbol{e}_\theta\cdot\boldsymbol{e}_\theta=1\\&\boldsymbol{e}_r\cdot\boldsymbol{e}_\phi=\boldsymbol{e}_\phi\cdot\boldsymbol{e}_\theta=\boldsymbol{e}_r\cdot\boldsymbol{e}_\theta=0\\&\boldsymbol{e}_\theta\times\boldsymbol{e}_\phi=\boldsymbol{e}_r,\boldsymbol{e}_\phi\times\boldsymbol{e}_r=\boldsymbol{e}_\theta,\boldsymbol{e}_r\times\boldsymbol{e}_\theta=\boldsymbol{e}_\phi\end{aligned}\right\}\tag{1-20}$$

两种坐标系单位矢量之间的变换关系写成矩阵的形式为

$$\begin{bmatrix} \boldsymbol{e}_r \\ \boldsymbol{e}_\theta \\ \boldsymbol{e}_\phi \end{bmatrix} = \begin{bmatrix} \sin\theta\cos\phi & \sin\theta\sin\phi & \cos\theta \\ \cos\theta\cos\phi & \cos\theta\sin\phi & -\sin\theta \\ -\sin\phi & \cos\phi & 0 \end{bmatrix} \begin{bmatrix} \boldsymbol{e}_x \\ \boldsymbol{e}_y \\ \boldsymbol{e}_z \end{bmatrix} \tag{1-21}$$

若矢量 $\boldsymbol{A}$ 在直角坐标系表示为 $\boldsymbol{A}=A_x\boldsymbol{e}_x+A_y\boldsymbol{e}_y+A_z\boldsymbol{e}_z$，而在球坐标系中表示为 $\boldsymbol{A}=A_r\boldsymbol{e}_r+A_\theta\boldsymbol{e}_\theta+A_\phi\boldsymbol{e}_\phi$，其中 A_r,A_θ,A_ϕ 分别为球坐标系中的分量，则两种坐标系中各分量的变换关系为

$$\begin{bmatrix} A_r \\ A_\theta \\ A_\phi \end{bmatrix} = \begin{bmatrix} \sin\theta\cos\phi & \sin\theta\sin\phi & \cos\theta \\ \cos\theta\cos\phi & \cos\theta\sin\phi & -\sin\theta \\ -\sin\phi & \cos\phi & 0 \end{bmatrix} \begin{bmatrix} A_x \\ A_y \\ A_z \end{bmatrix} \tag{1-22}$$

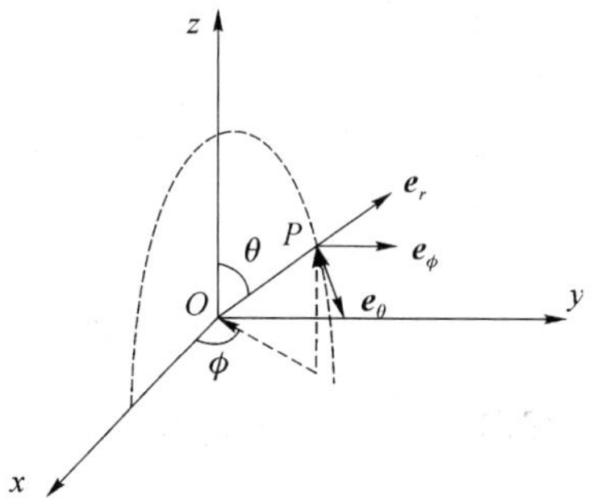

图 1.6 球坐标系

1.2.4 三种坐标系中的微分元

电磁场常须完成线、面、体积分，因此须关注三种微分元在不同坐标系中的表达形式。

1）直角坐标系中的微分元

在直角坐标系中，有向长度的微小变化 $\mathrm{d}\boldsymbol{l}$ 可以用三个方向微小变化的矢量和表示为

$$\mathrm{d}\boldsymbol{l}=\boldsymbol{e}_x\mathrm{d}x+\boldsymbol{e}_y\mathrm{d}y+\boldsymbol{e}_z\mathrm{d}z \tag{1-23}$$

有向曲面的微小增量 $\mathrm{d}\boldsymbol{S}$ 可分解为在坐标平面上的 3 个投影，如图 1.7 所示，3 个投影分别表示为

$$\mathrm{d}\boldsymbol{S}_x=\boldsymbol{e}_x\mathrm{d}y\mathrm{d}z,\quad \mathrm{d}\boldsymbol{S}_y=\boldsymbol{e}_y\mathrm{d}x\mathrm{d}z,\quad \mathrm{d}\boldsymbol{S}_z=\boldsymbol{e}_z\mathrm{d}x\mathrm{d}y \tag{1-24}$$

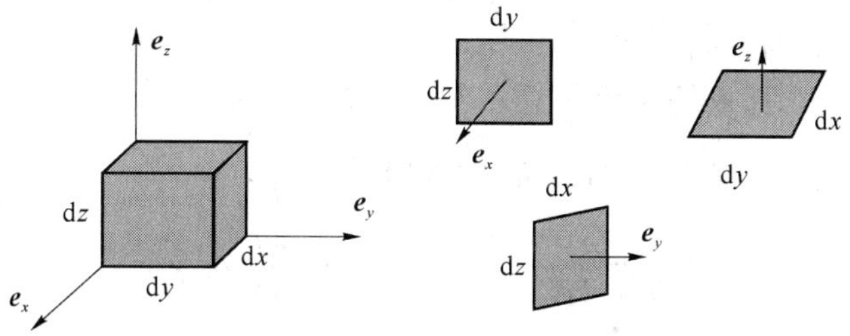

图 1.7 直角坐标系的微分元

体积微分元可表示为沿三个坐标轴方向微小增量之积，即

$$\mathrm{d}V=\mathrm{d}x\mathrm{d}y\mathrm{d}z \tag{1-25}$$

2）圆柱坐标系中的微分元

如图 1.8 所示，圆柱坐标系中长度、面积、体积微分元分别表示为

$$
\begin{aligned}
&\mathrm{d}\boldsymbol{l}=\boldsymbol{e}_\rho \mathrm{d}\rho+\boldsymbol{e}_\phi \rho \mathrm{d}\phi+\boldsymbol{e}_z \mathrm{d}z \\
&\mathrm{d}\boldsymbol{S}_\rho=\boldsymbol{e}_\rho \rho \mathrm{d}\phi \mathrm{d}z, \mathrm{d}\boldsymbol{S}_\phi=\boldsymbol{e}_\phi \mathrm{d}\rho \mathrm{d}z, \mathrm{d}\boldsymbol{S}_z=\boldsymbol{e}_z \rho \mathrm{d}\rho \mathrm{d}\phi \\
&\mathrm{d}V=\rho \mathrm{d}\rho \mathrm{d}\phi \mathrm{d}z
\end{aligned}
\tag{1-26}
$$

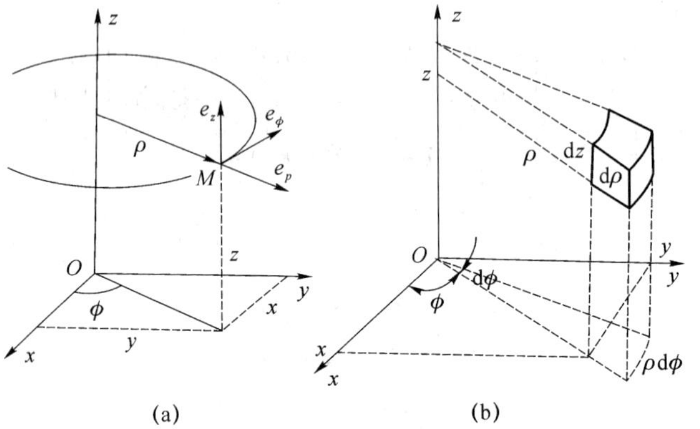

图 1.8　圆柱坐标系的微分元

3）球坐标系中的微分元

球坐标系中长度、面积、体积的微分元分别表示为

$$
\begin{aligned}
&\mathrm{d}\boldsymbol{l}=\boldsymbol{e}_r \mathrm{d}r+\boldsymbol{e}_\theta r \mathrm{d}\theta+\boldsymbol{e}_\phi r \sin\theta \mathrm{d}\phi \\
&\mathrm{d}\boldsymbol{S}_r=\boldsymbol{e}_r r^2 \sin\theta \mathrm{d}\theta \mathrm{d}\phi, \mathrm{d}\boldsymbol{S}_\theta=\boldsymbol{e}_\phi r \sin\theta \mathrm{d}r \mathrm{d}\phi, \mathrm{d}\boldsymbol{S}_\phi=\boldsymbol{e}_\phi r \mathrm{d}r \mathrm{d}\theta \\
&\mathrm{d}V=r^2 \sin\theta \mathrm{d}r \mathrm{d}\theta \mathrm{d}\phi
\end{aligned}
\tag{1-27}
$$

1.3　标量场的梯度

所谓场，就是一个函数，这个函数描述物理量在一定空间区域的分布情况。因物理量有标量和矢量之分，所以场就分为标量场和矢量场。

对于一个标量场，因为场中各点标量的大小可能不同，同时标量沿各个方向的变化率也不尽相同，通常用方向导数描述场的这种特性，标量场 f 在空间某一点沿某一方向上的变化率称为标量场的方向导数。

在直角坐标系中，标量场 f 沿矢量 $\boldsymbol{l}$（其单位矢量为 $\boldsymbol{e}_l=\boldsymbol{e}_x\cos\alpha+\boldsymbol{e}_y\cos\beta+\boldsymbol{e}_z\cos\gamma$，其中 α,β,γ 为矢量 $\boldsymbol{l}$ 与三个坐标轴的夹角）的方向导数 $\frac{\partial f}{\partial l}$ 为

$$
\frac{\partial f}{\partial l}=\frac{\partial f}{\partial x}\cos\alpha+\frac{\partial f}{\partial y}\cos\beta+\frac{\partial f}{\partial z}\cos\gamma \tag{1-28}
$$

令

$$
\boldsymbol{g}=\frac{\partial f}{\partial x}\boldsymbol{e}_x+\frac{\partial f}{\partial y}\boldsymbol{e}_y+\frac{\partial f}{\partial z}\boldsymbol{e}_z
$$

则方向导数 $\frac{\partial f}{\partial l}$ 可表示为

$$\frac{\partial f}{\partial l}=\boldsymbol{g}\cdot\boldsymbol{e}_l$$

矢量 $\boldsymbol{g}$ 称为标量场 f 的梯度，用 grad f 表示，即

$$\text{grad } f=\frac{\partial f}{\partial x}\boldsymbol{e}_x+\frac{\partial f}{\partial y}\boldsymbol{e}_y+\frac{\partial f}{\partial z}\boldsymbol{e}_z \tag{1-29}$$

由此可知，标量场的梯度是一个矢量场。当梯度的方向与矢量 $\boldsymbol{l}$ 的方向一致时，方向导数取最大值。因此，梯度的模即为方向导数的最大值，梯度的方向即为标量变化最快的方向。

1846 年，爱尔兰数学家哈密顿引入一个算子，即

$$\nabla=\boldsymbol{e}_x\frac{\partial}{\partial x}+\boldsymbol{e}_y\frac{\partial}{\partial y}+\boldsymbol{e}_z\frac{\partial}{\partial z} \tag{1-30}$$

称为哈密顿算子，符号∇ 读作“del”。利用哈密顿算子，梯度可表示为

$$\text{grad } f=\nabla f=\boldsymbol{e}_x\frac{\partial f}{\partial x}+\boldsymbol{e}_y\frac{\partial f}{\partial y}+\boldsymbol{e}_z\frac{\partial f}{\partial z} \tag{1-31}$$

本书将大量使用哈密顿算子，现对其进行说明：

(1) 哈密顿算子是一种矢量运算符号，它是微分算符与矢量的结合；

(2) 哈密顿算子仅仅是一种运算符号，其本身没有意义，它只对右边的量产生作用；

(3) 哈密顿算子在不同坐标系中的表达形式不同，例如在圆柱坐标系和球坐标系中，其表达形式分别为

$$\begin{aligned}\nabla&=\boldsymbol{e}_\rho\frac{\partial f}{\partial\rho}+\boldsymbol{e}_\phi\frac{1}{\rho}\frac{\partial f}{\partial\phi}+\boldsymbol{e}_z\frac{\partial f}{\partial z}\\ \nabla&=\boldsymbol{e}_r\frac{\partial f}{\partial r}+\boldsymbol{e}_\theta\frac{1}{r}\frac{\partial f}{\partial\theta}+\boldsymbol{e}_\phi\frac{1}{r\sin\theta}\frac{\partial f}{\partial\phi}\end{aligned} \tag{1-32}$$

定义 $\nabla\cdot\nabla=\nabla^2$ 为拉普拉斯算子，在直角坐标系中拉普拉斯算子表示为

$$\nabla\cdot\nabla=\frac{\partial^2}{\partial x^2}+\frac{\partial^2}{\partial y^2}+\frac{\partial^2}{\partial z^2} \tag{1-33}$$

拉普拉斯算子对标量函数 f 的作用在圆柱坐标系和球坐标系中写为

$$\begin{aligned}\nabla^2 f&=\frac{1}{\rho}\frac{\partial}{\partial\rho}\left(\rho\frac{\partial f}{\partial\rho}\right)+\frac{1}{\rho^2}\frac{\partial^2 f}{\partial\phi^2}+\frac{\partial^2 f}{\partial z^2}\\ \nabla^2 f&=\frac{1}{r^2}\frac{\partial}{\partial r}\left(r^2\frac{\partial f}{\partial r}\right)+\frac{1}{r^2\sin\theta}\frac{\partial}{\partial\theta}\left(\sin\theta\frac{\partial f}{\partial\theta}\right)+\frac{1}{r^2\sin^2\theta}\frac{\partial^2 f}{\partial\phi^2}\end{aligned} \tag{1-34}$$

1.4 矢量场的通量和散度

1.4.1 矢量场的通量

在矢量场 $\boldsymbol{A}$ 中，取一个有向曲面 $\boldsymbol{S}$，$\boldsymbol{A}$ 在有向曲面上的面积分称为矢量在曲面 $\boldsymbol{S}$ 上

的通量，即

$$\psi = \int \boldsymbol{A} \cdot \mathrm{d}\boldsymbol{S} = \int \boldsymbol{A} \cdot \boldsymbol{e}_n \mathrm{d}S = \int A\cos\theta \mathrm{d}S \tag{1-35}$$

$\boldsymbol{e}_n$ 为面积元 $\mathrm{d}\boldsymbol{S}$ 的法线方向，与面积元边界曲线的环绕方向遵循右手螺旋关系。θ 为矢量 $\boldsymbol{A}$ 与面积元法线的夹角。由式(1-35)可知，通量是一个标量。

如果所取的曲面 $\boldsymbol{S}$ 为闭合曲面，则用

$$\oint_S \boldsymbol{A} \cdot \mathrm{d}\boldsymbol{S} = \oint_S \boldsymbol{A} \cdot \boldsymbol{e}_n \mathrm{d}S = \oint_S A\cos\theta \mathrm{d}S \tag{1-36}$$

表示矢量穿过闭合曲面的通量，通常规定闭合曲面的法线方向为有向曲面的方向。矢量穿过闭合曲面的通量描述场源的性质：当穿过闭合曲面的通量 $\psi>0$ 时，认为闭合曲面中存在产生该矢量场的正源；当穿过闭合曲面的通量 $\psi<0$ 时，认为曲面中存在汇聚该矢量场的洞(或负源)。

1.4.2 矢量场的散度

上述通量的概念仅能描述闭合曲面中源的总量，不能说明闭合曲面内每一点源的分布特性。如果令包围某点的闭合曲面向该点无限收缩，则穿过这个无限小闭合曲面的通量即可表示该点附近源的分布特性。因此，曲面 $\boldsymbol{S}$ 向某点无限收缩时，矢量 $\boldsymbol{A}$ 穿过该闭合曲面的通量与该闭合曲面所包围的体积之比定义为矢量 $\boldsymbol{A}$ 在该点的散度，以 $\mathrm{div}\boldsymbol{A}$ 表示，即

$$\mathrm{div}\boldsymbol{A} = \lim_{\Delta V \to 0} \frac{\oint_S \boldsymbol{A} \cdot \mathrm{d}\boldsymbol{S}}{\Delta V} \tag{1-37}$$

式中，ΔV 为闭合曲面 $\boldsymbol{S}$ 包围的体积。式(1-37)表明，散度是标量，可理解为通量密度。

在直角坐标系中

$$\mathrm{div}\boldsymbol{A} = \frac{\partial A_x}{\partial x} + \frac{\partial A_y}{\partial y} + \frac{\partial A_z}{\partial z} \tag{1-38}$$

用哈密顿算子表示为

$$\mathrm{div}\boldsymbol{A} = \nabla \cdot \boldsymbol{A}$$

在圆柱坐标系和球坐标系中，矢量 $\boldsymbol{A}$ 的散度分别写为

$$\left.\begin{aligned}
\nabla \cdot \boldsymbol{A} &= \frac{1}{\rho}\frac{\partial}{\partial \rho}(\rho A_\rho) + \frac{1}{\rho}\frac{\partial}{\partial \phi}(A_\phi) + \frac{\partial A_z}{\partial z} \\
\nabla \cdot \boldsymbol{A} &= \frac{1}{r^2}\frac{\partial}{\partial r}(r^2 A_r) + \frac{1}{r\sin\theta}\frac{\partial}{\partial \theta}(\sin\theta A_\theta) + \frac{1}{r\sin\theta}\frac{\partial A_\phi}{\partial \phi}
\end{aligned}\right\} \tag{1-39}$$

1.4.3 散度定理

矢量 $\boldsymbol{A}$ 在闭合曲面 $\boldsymbol{S}$ 上的通量等于矢量 $\boldsymbol{A}$ 的散度在闭合曲面所包围体积 V 内的体积分，即

$$\oint_S \boldsymbol{A}\cdot d\boldsymbol{S} = \int_V \mathrm{div}\boldsymbol{A}dV = \int_V \nabla\cdot\boldsymbol{A}dV \tag{1-40}$$

式(1-40)表明，散度定理指出曲面上的场与该曲面所限定体积内场之间的关系。

1.5 矢量的环量和旋度

1.5.1 矢量的环量

矢量 $\boldsymbol{A}$ 沿有向闭合曲线 $\boldsymbol{L}$ 的线积分称为矢量 $\boldsymbol{A}$ 沿曲线 $\boldsymbol{L}$ 的环量，以 Γ 表示，即

$$\Gamma = \oint_L \boldsymbol{A}\cdot d\boldsymbol{l} \tag{1-41}$$

1.5.2 矢量的旋度

在直角坐标系中，当闭合曲线 $\boldsymbol{L}$ 向所包围曲面内的一点无限收缩，即曲线 $\boldsymbol{L}$ 所包围的面积 ΔS 无限减小时，如果

$$\lim_{\Delta S\to 0}\frac{\oint_L \boldsymbol{A}\cdot d\boldsymbol{l}}{\Delta S} \tag{1-42}$$

存在，则其具有环量面密度的含义。为了得到上述极限的计算方法，须引用斯托克斯定理。

斯托克斯定理：设 $\boldsymbol{S}$ 是分片光滑的曲面，其边界为分段光滑的闭合曲线 $\boldsymbol{L}$，设矢量 $\boldsymbol{A}$ 及其一阶偏导数在 $\boldsymbol{S}+\boldsymbol{L}$ 上连续，则有

$$\oint_L \boldsymbol{A}\cdot d\boldsymbol{l} = \int_S (\nabla\times\boldsymbol{A})\cdot d\boldsymbol{S} = \int_S (\nabla\times\boldsymbol{A})\cdot\boldsymbol{e}_n dS \tag{1-43}$$

式中，$\boldsymbol{e}_n$ 为面积元 $d\boldsymbol{S}$ 的法线方向，与面积元边界曲线的环绕方向遵循右手螺旋关系。矢量 $\nabla\times\boldsymbol{A}$ 称为矢量 $\boldsymbol{A}$ 的旋度。

当闭合曲线 $\boldsymbol{L}$ 不断收缩，其所限定的面积 S 减小为 ΔS 时，有

$$\oint_L \boldsymbol{A}\cdot d\boldsymbol{l} = \int_{\Delta S} (\nabla\times\boldsymbol{A})\cdot\boldsymbol{e}_n dS$$

利用中值定理，有

$$\int_{\Delta S} (\nabla\times\boldsymbol{A})\cdot\boldsymbol{e}_n dS = [(\nabla\times\boldsymbol{A})\cdot\boldsymbol{e}_n]_M \Delta S$$

式中，M 为 ΔS 中的某一点，令 ΔS 收缩到 P 点，则有

$$(\nabla\times\boldsymbol{A})\cdot\boldsymbol{e}_n = \lim_{\Delta S\to 0}\frac{\oint_L \boldsymbol{A}\cdot d\boldsymbol{l}}{\Delta S}$$

由此可见，矢量场 $\boldsymbol{A}$ 在 P 点处的环量面密度为 $(\nabla\times\boldsymbol{A})\cdot\boldsymbol{e}_n$，它与该点面积元的法向方向 $\boldsymbol{e}_n$ 有关，当 $\boldsymbol{e}_n$ 与 $\nabla\times\boldsymbol{A}$ 的方向相同时，环量面密度取最大值。矢量场 $\boldsymbol{A}$ 的旋度通常记为

$$\mathrm{curl}\boldsymbol{A} = \nabla\times\boldsymbol{A}$$

在直角坐标系中，矢量的旋度表示为

$$\nabla\times\boldsymbol{A}=\begin{vmatrix}\boldsymbol{e}_x & \boldsymbol{e}_y & \boldsymbol{e}_z\\ \dfrac{\partial}{\partial x} & \dfrac{\partial}{\partial y} & \dfrac{\partial}{\partial z}\\ A_x & A_y & A_z\end{vmatrix}$$

$$=\boldsymbol{e}_x\left(\frac{\partial A_z}{\partial x}-\frac{\partial A_y}{\partial z}\right)+\boldsymbol{e}_y\left(\frac{\partial A_x}{\partial z}-\frac{\partial A_z}{\partial x}\right)+\boldsymbol{e}_z\left(\frac{\partial A_y}{\partial x}-\frac{\partial A_x}{\partial y}\right) \tag{1-44}$$

在圆柱坐标系和球坐标系中，矢量的旋度写成

$$\nabla\times\boldsymbol{A}=\boldsymbol{e}_\rho\left(\frac{1}{\rho}\frac{\partial A_z}{\partial\phi}-\frac{\partial A_\phi}{\partial z}\right)+\boldsymbol{e}_\phi\left(\frac{\partial A_\rho}{\partial z}-\frac{\partial A_z}{\partial\rho}\right)+\boldsymbol{e}_z\frac{1}{\rho}\left(\frac{\partial}{\partial\rho}(\rho A_\phi)-\frac{\partial A_\rho}{\partial\phi}\right)$$

$$\nabla\times\boldsymbol{A}=\boldsymbol{e}_r\frac{1}{r\cos\theta}\left[\frac{\partial}{\partial\theta}(\cos\theta A_\phi)-\frac{\partial A_\theta}{\partial\phi}\right]+\boldsymbol{e}_\phi\frac{1}{r}\left[\frac{1}{\cos\theta}\frac{\partial A_r}{\partial\phi}-\frac{\partial}{\partial r}(rA_\phi)\right] \tag{1-45}$$

$$+\boldsymbol{e}_\phi\frac{1}{r}\left[\frac{\partial}{\partial r}(rA_\theta)-\frac{\partial A_r}{\partial\theta}\right]$$

1.6 矢量场的若干定理和场的分类

1.6.1 格林定理

设矢量场 $\boldsymbol{A}$ 在体积 V 及其边界面 S 上是处处连续可微的单值函数，于是有

$$\oint_S\boldsymbol{A}\cdot\mathrm{d}\boldsymbol{S}=\int_V\nabla\cdot\boldsymbol{A}\mathrm{d}V$$

如果矢量函数 $\boldsymbol{A}$ 能够定义为一个标量函数 φ 与一个矢量函数 $\nabla\psi$ 之积，则有

$$\nabla\cdot\boldsymbol{A}=\nabla\cdot(\varphi\nabla\psi)=\nabla\varphi\cdot\nabla\psi+\varphi\nabla^2\psi$$

利用散度定理有

$$\int_V\nabla\varphi\cdot\nabla\psi\mathrm{d}V+\int_V\varphi\nabla^2\psi\mathrm{d}V=\oint_S\varphi\nabla\psi\cdot\mathrm{d}\boldsymbol{S}$$

即

$$\int_V\nabla\varphi\cdot\nabla\psi\mathrm{d}V+\int_V\varphi\nabla^2\psi\mathrm{d}V=\oint_S\varphi\frac{\partial\psi}{\partial n}\mathrm{d}S \tag{1-46}$$

式(1-46)称为格林第一公式。若将 φ 和 ψ 对调，则式(1-46)可以写为

$$\int_V\nabla\psi\cdot\nabla\varphi\mathrm{d}V+\int_V\psi\nabla^2\varphi\mathrm{d}V=\oint_S\psi\nabla\varphi\cdot\mathrm{d}\boldsymbol{S}$$

当 $\varphi=\psi$ 时，格林第一公式记为

$$\int_V|\nabla\varphi|^2\mathrm{d}V+\int_V\varphi\nabla^2\varphi\mathrm{d}V=\oint_S\varphi\nabla\varphi\cdot\mathrm{d}\boldsymbol{S} \tag{1-47}$$

用格林第一公式减去上式得到

$$\int_V(\varphi\nabla^2\psi-\psi\nabla^2\varphi)\mathrm{d}V=\oint_S(\varphi\nabla\psi-\psi\nabla\varphi)\cdot\mathrm{d}\boldsymbol{S}$$

即

$$\int_V (\varphi \nabla^2 \psi - \psi \nabla^2 \varphi) \mathrm{d}V = \oint_S (\varphi \frac{\partial \psi}{\partial n} - \psi \frac{\partial \varphi}{\partial n}) \mathrm{d}S \tag{1-48}$$

式(1-48)称为格林第二公式。

1.6.2 唯一性定理

对于位于区域 V 内的矢量场，当其区域内矢量的旋度和散度及其边界上的法向和切向分量给定后，该区域内场的分布是确定的，这就是矢量场的唯一性定理。

证明：假定有两个矢量 $\boldsymbol{F}_1$ 和 $\boldsymbol{F}_2$ 在区域 V 内有相同的旋度和散度，且在 V 的边界曲面 S 上的切向或法向分量相等。根据唯一性定理，如果两个矢量都描述区域 V 内场的分布，那么只须证明两个矢量相等。

采用反证法。假设两个矢量不相等，存在微小的差 $\delta\boldsymbol{F}$，即 $\boldsymbol{F}_1 - \boldsymbol{F}_2 = \delta\boldsymbol{F}$，在区域 V 内有

$$\nabla \cdot (\delta\boldsymbol{F}) = \nabla \cdot \boldsymbol{F}_1 - \nabla \cdot \boldsymbol{F}_2 = 0$$

$$\nabla \times (\delta\boldsymbol{F}) = \nabla \times \boldsymbol{F}_1 - \nabla \times \boldsymbol{F}_2 = 0$$

由于 $\delta\boldsymbol{F}$ 的旋度等于零，根据矢量恒等式，一个标量函数梯度的旋度为零，即 $\nabla \times \nabla\varphi = 0$，所以可以令

$$\delta\boldsymbol{F} = -\nabla \varphi$$

则有

$$\nabla \cdot (\delta\boldsymbol{F}) = \nabla^2 \varphi = 0$$

根据式(1-47)，有

$$\int_V |\nabla \varphi|^2 \mathrm{d}V = \oint_S \varphi \nabla \varphi \cdot \mathrm{d}\boldsymbol{S} = \oint_S \varphi \frac{\partial \varphi}{\partial n} \mathrm{d}S$$

因为 $\boldsymbol{F}_1$ 和 $\boldsymbol{F}_2$ 在边界 S 上的法向分量相等，于是有

$$(\delta\boldsymbol{F})_n = (\nabla \varphi)_n = \frac{\partial \varphi}{\partial n} = 0$$

则

$$\int_V |\nabla \varphi|^2 \mathrm{d}V = 0$$

上式只有在 $\nabla\varphi = 0$ 时才能成立，因此 $\delta\boldsymbol{F} = 0$，即 $\boldsymbol{F}_1 = \boldsymbol{F}_2$。证毕。

1.6.3 场的分类

矢量场的散度和旋度是代表产生矢量场的源，二者都是单独的矢量运算，但二者单独都不能完整描述场的分布情况。在研究电磁问题中，对不同类型场的处理方法不同，因此有必要了解场的分类，通常会遇到 4 种基本类型的场。

第一类场，无旋无散场。一个矢量场如果在区域中其散度和旋度均为零，即 $\nabla \cdot \boldsymbol{F} = 0$，$\nabla \times \boldsymbol{F} = 0$，称为无旋无散场。事实上，这样的场只能存在于特定的区域中，在全空间是不存在的。例如，无电荷存在区域的静电场和无电流存在区域的磁场都属于这种类型的场。

第二类场，无散场。一个矢量场如果在给定的区域其散度为零，旋度不为零，即 $\nabla \cdot \boldsymbol{F} = 0$，$\nabla \times \boldsymbol{F} \neq 0$，称为无散场。可以证明：一个无散场可以表示为另一个矢量场的旋度，或者任

何旋度场一定是无散场。例如，有电荷存在区域的静电场就是无散场。

第三类场，无旋场。一个矢量场如果在给定的区域其旋度为零，散度不为零，即$\nabla \times \boldsymbol{F}=0$，$\nabla \cdot \boldsymbol{F} \neq 0$，称为无旋场。可以证明：一个无旋场可以表示为一个标量场的梯度，或者任何一个梯度场一定是无旋场。例如，导体内部的磁场就是无旋场。

第四类场，有旋有散场。一个矢量场如果其散度和旋度均不等于零，即$\nabla \cdot \boldsymbol{F} \neq 0$，$\nabla \times \boldsymbol{F} \neq 0$，则称为有旋有散场。

1.7 矢量恒等式

电磁场分析中有许多矢量运算的重要公式，现整理如下：

$\nabla (f+g)=\nabla f+\nabla g$

$\nabla (fg)=g\nabla f+f\nabla g$

$\nabla \times \nabla f=0$

$\nabla \cdot (\boldsymbol{A}+\boldsymbol{B})=\nabla \cdot \boldsymbol{A}+\nabla \cdot \boldsymbol{B}$

$\nabla \cdot (f\boldsymbol{A})=\nabla f \cdot \boldsymbol{A}+f\nabla \cdot \boldsymbol{A}$

$\nabla \times (\boldsymbol{A}+\boldsymbol{B})=\nabla \times \boldsymbol{A}+\nabla \times \boldsymbol{B}$

$\nabla \times (f\boldsymbol{A})=f\nabla \times \boldsymbol{A}+\nabla f\times \boldsymbol{A}$

$\nabla \cdot (\boldsymbol{A}\times \boldsymbol{B})=\boldsymbol{B}\cdot (\nabla \times \boldsymbol{A})-\boldsymbol{A}\cdot (\nabla \times \boldsymbol{B})$

$\nabla \cdot (\nabla \times \boldsymbol{A})=0$

$\nabla \times (\nabla \times \boldsymbol{A})=\nabla (\nabla \cdot \boldsymbol{A})-\nabla^2 \boldsymbol{A}$

小　结

1. 采用具有确定物理意义的量来表征电磁场时，这些量在一定的区域按一定规律分布，除开有限个点或表面上外，这些量是空间坐标的连续函数。如果场在空间任一点都有一定的方向，则该场是矢量场。

2. 矢量场 $\boldsymbol{A}$ 在有向曲面上的面积分称为矢量在曲面 $\boldsymbol{S}$ 上的通量，即

$$\psi = \int \boldsymbol{A} \cdot \mathrm{d}\boldsymbol{S} = \int \boldsymbol{A} \cdot \boldsymbol{e}_n \mathrm{d}S = \int A\cos\theta \mathrm{d}S$$

矢量场 $\boldsymbol{A}$ 的散度以 $\mathrm{div}\boldsymbol{A}$ 表示，即

$$\mathrm{div}\boldsymbol{A} = \lim_{\Delta V\to 0} \frac{\oint_S \boldsymbol{A} \cdot \mathrm{d}\boldsymbol{S}}{\Delta V}$$

在直角坐标系中，$\mathrm{div}\boldsymbol{A}=\frac{\partial A_x}{\partial x}+\frac{\partial A_y}{\partial y}+\frac{\partial A_z}{\partial z}$。

3. 矢量 $\boldsymbol{A}$ 沿有向闭合曲线 $\boldsymbol{L}$ 的线积分称为矢量 $\boldsymbol{A}$ 沿曲线 $\boldsymbol{L}$ 的环量，以 Γ 表示，即

$$\Gamma = \oint_L \boldsymbol{A} \cdot \mathrm{d}\boldsymbol{l}$$

矢量场 $\boldsymbol{A}$ 的旋度以 $\mathrm{curl}\boldsymbol{A}$ 表示，在直角坐标系中有

$$\mathrm{curl}\boldsymbol{A}=\nabla\times\boldsymbol{A}=\begin{vmatrix}\boldsymbol{e}_x & \boldsymbol{e}_y & \boldsymbol{e}_z\\ \dfrac{\partial}{\partial x} & \dfrac{\partial}{\partial y} & \dfrac{\partial}{\partial z}\\ A_x & A_y & A_z\end{vmatrix}$$

$$=\boldsymbol{e}_x\left(\frac{\partial A_z}{\partial x}-\frac{\partial A_y}{\partial z}\right)-\boldsymbol{e}_y\left(\frac{\partial A_x}{\partial z}-\frac{\partial A_z}{\partial x}\right)+\boldsymbol{e}_z\left(\frac{\partial A_y}{\partial x}-\frac{\partial A_x}{\partial y}\right)$$

4. 对于位于区域 V 内的矢量场，当其区域内矢量的旋度和散度及其边界上的法向和切向分量给定后，该区域内场的分布是确定的，这就是矢量场的唯一性定理。

习 题

1-1 已知 $f=f(x,y,z)$，$g=g(x,y,z)$，$\boldsymbol{A}=A_x\boldsymbol{e}_x+A_y\boldsymbol{e}_y+A_z\boldsymbol{e}_z$。验证下列各式：

(1) $\nabla\times(f\boldsymbol{A})=f\nabla\times\boldsymbol{A}+\nabla f\times\boldsymbol{A}$；

(2) $\nabla(fg)=f\nabla g+g\nabla f$；

(3) $\nabla\cdot(f\boldsymbol{A})=f\nabla\cdot\boldsymbol{A}+\nabla f\cdot\boldsymbol{A}$。

1-2 设有三个矢量场的分布如下：

$\boldsymbol{A}=(3y^2-2x)\boldsymbol{e}_x+x^2\boldsymbol{e}_y+2z\boldsymbol{e}_z$；

$\boldsymbol{B}=\cos\theta\cos\phi\boldsymbol{e}_r-\cos\phi\boldsymbol{e}_\phi+\cos\theta\cos\phi\boldsymbol{e}_\theta$；

$\boldsymbol{C}=z^2\cos\phi\boldsymbol{e}_\rho+z^2\cos\phi\boldsymbol{e}_\phi+2\rho z\cos\phi\boldsymbol{e}_z$。

求场源的分布。

1-3 在直角坐标系下，三个矢量 $\boldsymbol{A}$、$\boldsymbol{B}$ 和 $\boldsymbol{C}$ 的分量式为 $\boldsymbol{A}=\boldsymbol{e}_x+2\boldsymbol{e}_y-3\boldsymbol{e}_z$，$\boldsymbol{B}=-4\boldsymbol{e}_y+\boldsymbol{e}_z$，$\boldsymbol{C}=5\boldsymbol{e}_x-2\boldsymbol{e}_z$。试求：(1)矢量 $\boldsymbol{A}$ 的单位矢量 $\boldsymbol{a}_A$；(2)两个矢量 $\boldsymbol{A}$ 和 $\boldsymbol{B}$ 之间的夹角 θ；(3) $\boldsymbol{A}\cdot\boldsymbol{B}$ 和 $\boldsymbol{A}\times\boldsymbol{B}$；(4) $\boldsymbol{A}\cdot(\boldsymbol{B}\times\boldsymbol{C})$ 和 $(\boldsymbol{A}\times\boldsymbol{B})\cdot\boldsymbol{C}$；(5) $(\boldsymbol{A}\times\boldsymbol{B})\times\boldsymbol{C}$ 和 $\boldsymbol{A}\times(\boldsymbol{B}\times\boldsymbol{C})$。

1-4 若

(1) $\boldsymbol{A}(x,y,z)=xy^2z^3\boldsymbol{e}_x+x^3z\boldsymbol{e}_y+x^2y^2\boldsymbol{e}_z$；

(2) $\boldsymbol{A}(\rho,\phi,z)=\rho^2\cos\phi\boldsymbol{e}_\rho+\rho^3\cos\phi\boldsymbol{e}_z$；

(3) $\boldsymbol{A}(r,\theta,\phi)=r\cos\theta\boldsymbol{e}_r+\dfrac{1}{r}\cos\theta\boldsymbol{e}_\theta+\dfrac{1}{r^2}\cos\theta\boldsymbol{e}_\phi$。

求 $\nabla\cdot\boldsymbol{A}$，$\nabla\times\boldsymbol{A}$。

1-5 证明下列三个矢量在同一平面上：

$\boldsymbol{A}=11\boldsymbol{e}_x+9\boldsymbol{e}_y+18\boldsymbol{e}_z$；$\boldsymbol{B}=17\boldsymbol{e}_x+9\boldsymbol{e}_y+27\boldsymbol{e}_z$；$\boldsymbol{C}=4\boldsymbol{e}_x-6\boldsymbol{e}_y+5\boldsymbol{e}_z$。

1-6 设函数 $u(x,y,z)$ 及矢量 $\boldsymbol{A}=P(x,y,z)\boldsymbol{e}_x+Q(x,y,z)\boldsymbol{e}_y+R(x,y,z)\boldsymbol{e}_z$ 的 3 个坐标函数都有二阶连续偏导数，证明：

(1) $\nabla\times(\nabla u)=0$；(2) $\nabla\cdot(\nabla\times\boldsymbol{A})=0$。

1-7 求函数 $\varphi=x^2yz$ 的梯度及 φ 在点 $M(2,3,1)$ 沿一个指定方向的方向导数，此方向的单位矢量 $\boldsymbol{e}_l=\dfrac{3}{\sqrt{50}}\boldsymbol{e}_x+\dfrac{4}{\sqrt{50}}\boldsymbol{e}_y+\dfrac{5}{\sqrt{50}}\boldsymbol{e}_z$。$\left(\text{答案：}\dfrac{112}{\sqrt{50}}\right)$

1-8　设矢量 $\boldsymbol{C}=x\boldsymbol{e}_x-y\boldsymbol{e}_y+2\boldsymbol{e}_z$，求在直角坐标系的点 $A(1,2,3)$ 和点 $B(2,2,1)$ 处

(1) $\boldsymbol{C}$ 的圆柱坐标表达式；

(2) $\boldsymbol{C}$ 的球坐标表达式。

(答案：(1) 圆柱坐标中 $\boldsymbol{C}_B=-\dfrac{1}{\sqrt{5}}\boldsymbol{e}_\rho-\dfrac{3}{\sqrt{5}}\boldsymbol{e}_\phi+2\boldsymbol{e}_z$，$\boldsymbol{C}_A=-\sqrt{2}\,\boldsymbol{e}_\phi+2\boldsymbol{e}_z$；

(2) 球坐标中：$\boldsymbol{C}_B=\dfrac{5}{\sqrt{14}}\boldsymbol{e}_r-\dfrac{13}{\sqrt{70}}\boldsymbol{e}_\theta-\dfrac{3}{\sqrt{5}}\boldsymbol{e}_\phi$，$\boldsymbol{C}_A=\dfrac{2}{3}\boldsymbol{e}_r-\dfrac{4\sqrt{2}}{3}\boldsymbol{e}_\theta-\sqrt{2}\,\boldsymbol{e}_\phi$。)

1-9　已知 $\boldsymbol{A}=x\boldsymbol{e}_x+y\boldsymbol{e}_y+z\boldsymbol{e}_z$，$r=(x^2+y^2+z^2)^{1/2}$。试证：

(1) $\nabla\times r=0$；(2) $\nabla\times\left(\dfrac{\boldsymbol{A}}{r}\right)=0$；(3) $\nabla\times\left[\dfrac{\boldsymbol{A}}{r}f(r)\right]=0$（$f(r)$ 是 r 的函数）。

1-10　已知矢量函数 $\boldsymbol{A}=x^2\boldsymbol{e}_x+x^2y^2\boldsymbol{e}_y+24x^2y^2z^3\boldsymbol{e}_z$，则

(1) 求该矢量函数的散度；

(2) 求该矢量函数的散度对中心在原点的一个单位立方体的体积分；

(3) 求该矢量对此立方体表面的积分，验证高斯散度定理。

1-11　已知矢量函数 $\boldsymbol{A}=x\boldsymbol{e}_x+x^2\boldsymbol{e}_y+y^2z\boldsymbol{e}_z$，求

(1) 沿 XY 平面上一个边长为 2 的正方形回路（绕行方向为沿逆时针）的线积分，设此正方形的两边分别与 X 轴和 Y 轴重合；

(2) 该矢量函数的旋度对此回路所包围的曲面的积分，验证斯托克斯定理。

1-12　求矢量 $\boldsymbol{A}=x^2\boldsymbol{e}_x+xy\boldsymbol{e}_y$ 沿圆周 $x^2+y^2=a^2$ 的线积分，再计算 $\nabla\times A$ 对此圆面积的积分。(答案：0，0。)

1-13　给定矢量函数 $\boldsymbol{E}=y\boldsymbol{e}_x+x\boldsymbol{e}_y$，计算从点 $P_1(2,1,-1)$ 到 $P_2(8,2,-1)$ 的线积分 $\int\boldsymbol{E}\cdot\mathrm{d}\boldsymbol{l}$：(1) 沿抛物线 $x=2y^2$；(2) 沿连接该两点的直线。(答案：(1) 14；(2) 14。)

1-14　设两个矢量场为 $A(\rho,\phi,z)=z^2\cos\phi\boldsymbol{e}_\rho+z^2\cos\phi\boldsymbol{e}_\phi+2\rho z\cos\phi\boldsymbol{e}_z$ 和 $B(x,y,z)=(3y^2-2x)\boldsymbol{e}_x+x^2\boldsymbol{e}_y+2z\boldsymbol{e}_z$，则(1) 哪一个矢量场可以由一个标量函数的梯度表示？哪一个矢量场可以由一个矢量函数的旋度表示？(2) 求矢量场的源分布。

(答案：(1) A 可以表示为某一标量的梯度，不能由矢量的旋度表示；B 不能用一标量的梯度表示，可以表示为某一矢量的旋度。(2) A 的源分布为散度源 $2\rho\cos\phi$；B 的源分布为旋度源 $\boldsymbol{e}_z(2x-6y)$。)

1-15　证明 $F(\rho,\phi,z)=\left(1+\dfrac{a^2}{\rho^2}\right)\cos\phi\boldsymbol{e}_\rho-\left(1-\dfrac{a^2}{\rho^2}\right)\cos\phi\boldsymbol{e}_\phi+b^2\boldsymbol{e}_z$ 为调和场。

第2章 静电场

相对于观察者静止，且量值不随时间变化的电荷称为静电荷，其在周围空间激发产生的电场是静电场。电荷受到的作用力揭示电场存在，反映电场的物质性。本章从库仑定律出发对静电场进行研究。首先介绍描述静电场的基本物理量，即电场强度，探讨静电场的基本特性，从而导出高斯定理；然后引入标量电位，探讨介质和边界条件对静电场的影响，并研究静电场的求解方法；进而基于矢量场的唯一性定理，介绍求解静电场的镜像法和分离变量法；最后讨论静电场能量的分布特性及其计算。

2.1 库仑定律

库仑定律是法国物理学家库仑通过精巧的扭秤实验测得的。它描述真空中两个点电荷之间的相互作用力，所谓点电荷指的是电荷的体积与电荷之间的距离相比可以忽略，从而将其当作两个点来对待，类似于物理学上的质点。

库仑定律具体描述如下：真空中两个点电荷之间的作用力正比于两个点电荷电量的乘积，反比于它们之间距离的平方，作用力的方向沿它们之间的连线，如图 2.1 所示。用数学公式表述为

$$\boldsymbol{F}_{12}=\frac{q_1 q_2}{4\pi\varepsilon_0\left|\boldsymbol{r}_2-\boldsymbol{r}_1\right|^2}\boldsymbol{e}_{12}=\frac{q_1 q_2(\boldsymbol{r}_2-\boldsymbol{r}_1)}{4\pi\varepsilon_0\left|\boldsymbol{r}_2-\boldsymbol{r}_1\right|^3}=\frac{q_1 q_2\boldsymbol{R}}{4\pi\varepsilon_0\left|\boldsymbol{R}\right|^3} \tag{2-1}$$

式中，q_1，q_2 为两个电荷的电量；$\boldsymbol{F}_{12}$ 为电荷 q_1 对电荷 q_2 的作用力，或者电荷 q_2 受到电荷 q_1 的力；$\boldsymbol{r}_1$ 为电荷 q_1 的位置矢量；$\boldsymbol{r}_2$ 为电荷 q_2 的位置矢量；$\boldsymbol{R}$ 为 q_2 相对于 q_1 的位置矢量；$\boldsymbol{e}_{12}$ 为 q_2 相对于 q_1 的单位位置矢量，$\boldsymbol{e}_{12}=\dfrac{(\boldsymbol{r}_2-\boldsymbol{r}_1)}{\left|\boldsymbol{r}_2-\boldsymbol{r}_1\right|}$；$\varepsilon_0$ 为真空中的介电常数，其值为 8.85×10^{-12} F/m。本书全部采用国际单位制(SI)，在国际单位中，力的单位是牛顿，符号是 N；电量的单位是库仑，符号是 C；距离的单位是米，符号

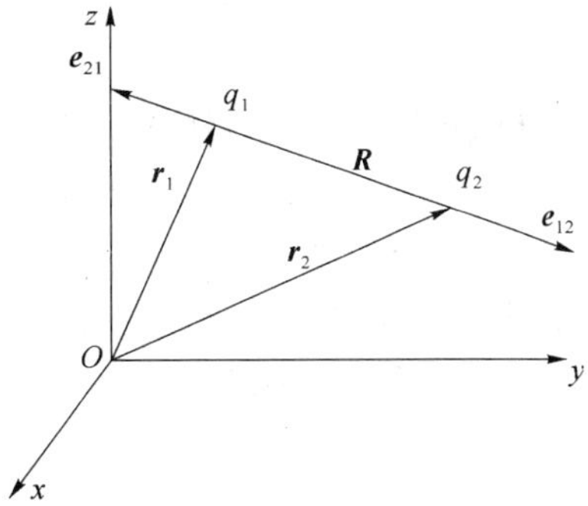

图 2.1 两个点电荷之间的作用力

是 m。

同样，电荷 q_2 对电荷 q_1 的作用力为

$$\boldsymbol{F}_{21}=\frac{q_1q_2}{4\pi\varepsilon_0\left|\boldsymbol{r}_2-\boldsymbol{r}_1\right|^2}\boldsymbol{e}_{21}=\frac{q_1q_2(\boldsymbol{r}_1-\boldsymbol{r}_2)}{4\pi\varepsilon_0\left|\boldsymbol{r}_1-\boldsymbol{r}_2\right|^3}=-\frac{q_1q_2\boldsymbol{R}}{4\pi\varepsilon_0\left|\boldsymbol{R}\right|^3} \tag{2-2}$$

由式(2-1)和式(2-2)可知，两个点电荷之间呈作用力和反作用力的关系，大小相等、方向相反，同性电荷相互排斥，异性电荷相互吸引。

库仑定律描述的是两个点电荷之间的相互作用力，当真空中存在多个点电荷时，其中一个点电荷受到的力等于其他点电荷对该点电荷单独作用力的矢量和，这就是矢量的叠加原理。例如，若点电荷 q 同时受到点电荷 $q_1,q_2,\cdots,q_n$ 的作用，其所受到的总作用力为

$$\boldsymbol{F}=\boldsymbol{F}_1+\boldsymbol{F}_2+\cdots+\boldsymbol{F}_n=\frac{q}{4\pi\varepsilon_0}\sum_{i=1}^{n}\frac{q_i(\boldsymbol{r}-\boldsymbol{r}_i)}{\left|\boldsymbol{r}-\boldsymbol{r}_i\right|^3} \tag{2-3}$$

式中，$\boldsymbol{r}$ 为电荷 q 的位置矢量，$\boldsymbol{r}_i$ 为其他 n 个点电荷的位置矢量。

例 2-1 如图 2.2 所示，真空中有三个电量均为 200 nC 的电荷，分别位于点(0,0,0)、(2,0,0)、(0,2,0)，试求它们作用于(2,2,0)处一个 500 nC 点电荷上的力。

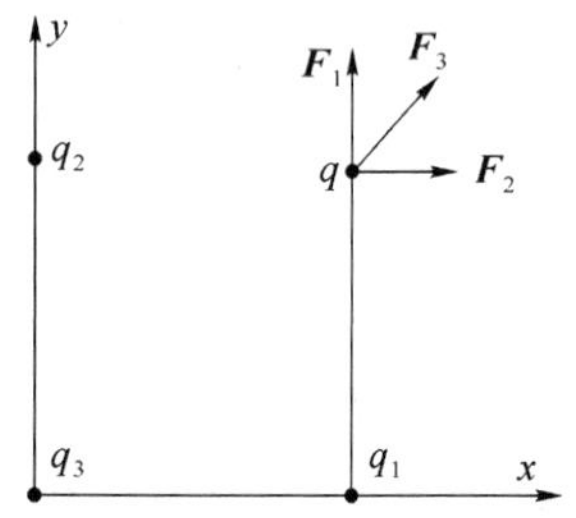

图 2.2 三个点电荷对空间一个点电荷的作用力

解：上述四个点电荷的位置矢量分别为

$$\boldsymbol{r}=2\boldsymbol{e}_x+2\boldsymbol{e}_y,\quad \boldsymbol{r}_1=2\boldsymbol{e}_x,\quad \boldsymbol{r}_2=2\boldsymbol{e}_y,\quad \boldsymbol{r}_3=0$$

电荷 q 受到其他三个点电荷单独的作用力分别为

$$\boldsymbol{F}_1=\frac{qq_1(\boldsymbol{r}-\boldsymbol{r}_1)}{4\pi\varepsilon_0\left|\boldsymbol{r}-\boldsymbol{r}_1\right|^3}=225\times10^{-6}\boldsymbol{e}_y(\mathrm{N})$$

$$\boldsymbol{F}_2=\frac{qq_2(\boldsymbol{r}-\boldsymbol{r}_2)}{4\pi\varepsilon_0\left|\boldsymbol{r}-\boldsymbol{r}_1\right|^3}=225\times10^{-6}\boldsymbol{e}_x(\mathrm{N})$$

$$\boldsymbol{F}_3=\frac{qq_3(\boldsymbol{r}-\boldsymbol{r}_3)}{4\pi\varepsilon_0\left|\boldsymbol{r}-\boldsymbol{r}_1\right|^3}=79.6\times10^{-6}(\boldsymbol{e}_x+\boldsymbol{e}_y)(\mathrm{N})$$

电荷 q 受到的总作用力为

$$\boldsymbol{F}=\boldsymbol{F}_1+\boldsymbol{F}_2+\boldsymbol{F}_3=304.6\times10^{-6}(\boldsymbol{e}_x+\boldsymbol{e}_y)(\mathrm{N})$$

2.2 电场强度

电荷之间存在相互作用力，称之为库仑力。电荷之间的库仑力通过何种途径来传递？历史上对此有过不同的观点，在大量研究的基础上，最终确定电荷之间的相互作用是通过一种特殊的物质“场”来传递的。场是一种特殊的物质形态，它存在于电荷的周围，并产生一定的空间分布。当另一电荷进入这个“场”时就受到力的作用(电场力)。电场强度是描述电场这一性质的基本的物理量。电场强度是空间位置的函数，是一个矢量，用 $\boldsymbol{E}$ 来表示；它的大小等于单位试验点电荷受到的电场力，其方向与正电荷在该点所受力的方向相同。空间某点的电场强度可表示为

$$\boldsymbol{E}=\frac{\boldsymbol{F}}{q_0} \tag{2-4}$$

式中，$\boldsymbol{F}$ 为单位试验正电荷受到的电场力，q_0 为单位试验电荷的电量。电场强度的单位为牛顿/库仑(N/C)，且牛顿/库仑在量纲上等同于伏特/米(V/m)。空间某点的电场强度

可以用电场强度仪来测量。

若已知空间电场强度 $\boldsymbol{E}$ 的分布，则在空间某点电荷 q 受到的电场力为

$$\boldsymbol{F}=q\boldsymbol{E} \tag{2-5}$$

根据电场强度的定义和库仑定理，可以计算出位于空间位置 $\boldsymbol{r}'$ 处（称之为源点的位置矢量）的点电荷 q 在空间任意位置 $\boldsymbol{r}$ 处（称之为场点的位置矢量）激发电场的电场强度为

$$\boldsymbol{E}=\frac{q}{4\pi\varepsilon_0|\boldsymbol{r}-\boldsymbol{r}'|^2}\boldsymbol{e}_R=\frac{q(\boldsymbol{r}-\boldsymbol{r}')}{4\pi\varepsilon_0|\boldsymbol{r}-\boldsymbol{r}'|^3} \tag{2-6}$$

对于由 n 个点电荷组成的电荷系，在空间任意一点激发的电场强度可表示为

$$\boldsymbol{E}=\sum_{i=1}^{n}\frac{q_i(\boldsymbol{r}-\boldsymbol{r}'_i)}{4\pi\varepsilon_0|\boldsymbol{r}-\boldsymbol{r}'_i|^3} \tag{2-7}$$

即电场中某点的电场强度等于各个点电荷在该点各自激发电场强度的矢量和。

当电荷是连续分布在一段线上的带电线，或一块面上的带电面，或一定体积内的带电体的情况下，可以将带电物体分为无数个电荷元 $\mathrm{d}q$，将每个电荷元看作一个点电荷，将式(2-7)中的 q_i 换成 $\mathrm{d}q$，求和运算换为积分运算，则带电线 l 在空间某点激发的电场强度为

$$\boldsymbol{E}=\int_l\frac{\mathrm{d}q(\boldsymbol{r}-\boldsymbol{r}')}{4\pi\varepsilon_0|\boldsymbol{r}-\boldsymbol{r}'|^3}=\int_l\frac{\tau(\boldsymbol{r}')(\boldsymbol{r}-\boldsymbol{r}')}{4\pi\varepsilon_0|\boldsymbol{r}-\boldsymbol{r}'|^3}\mathrm{d}l(\boldsymbol{r}') \tag{2-8}$$

式中，$\tau(\boldsymbol{r}')=\frac{\mathrm{d}q}{\mathrm{d}l}$，为电荷的线密度，其单位为库仑/米(C/m)；$\boldsymbol{r}'$ 是源点 $P'(x',y',z')$ 的位矢；$\boldsymbol{r}$ 是场点 $P(x,y,z)$ 的位矢。上式完成对源点 $P'(x',y',z')$ 的积分。

带电曲面 S 在空间某点激发的电场强度为

$$\boldsymbol{E}=\int_S\frac{\mathrm{d}q(\boldsymbol{r}-\boldsymbol{r}')}{4\pi\varepsilon_0|\boldsymbol{r}-\boldsymbol{r}'|^3}=\int_S\frac{\sigma(\boldsymbol{r}')(\boldsymbol{r}-\boldsymbol{r}')}{4\pi\varepsilon_0|\boldsymbol{r}-\boldsymbol{r}'|^3}\mathrm{d}S(\boldsymbol{r}') \tag{2-9}$$

式中，$\sigma(\boldsymbol{r}')=\frac{\mathrm{d}q}{\mathrm{d}S}$，为电荷的面密度，其单位为库仑/平方米($C/m^2$)。

带电体 V 在空间某点激发的电场强度为

$$\boldsymbol{E}=\int_V\frac{\mathrm{d}q(\boldsymbol{r}-\boldsymbol{r}')}{4\pi\varepsilon_0|\boldsymbol{r}-\boldsymbol{r}'|^3}=\int_V\frac{\rho(\boldsymbol{r}')(\boldsymbol{r}-\boldsymbol{r}')}{4\pi\varepsilon_0|\boldsymbol{r}-\boldsymbol{r}'|^3}\mathrm{d}V(\boldsymbol{r}') \tag{2-10}$$

式中，$\rho(\boldsymbol{r}')=\frac{\mathrm{d}q}{\mathrm{d}V}$，为电荷的体密度，其单位为库仑/立方米($C/m^3$)。

例 2-2 如图 2.3 所示，一根半无限长的带电线沿 z 轴从负无穷远至零，均匀分布密度为 $\tau=100\ \mu C/m$ 的线电荷，求 $P(0,0,2)$ 点的电场强度。假设有一个 $1\ \mu C$ 的点电荷位于 P 点，计算此电荷所受到的力。

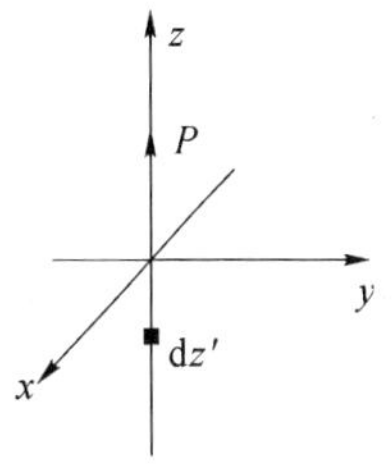

图 2.3 半无限长的带电线对点电荷的作用力

解：设有一线电荷元 $\tau\mathrm{d}z'$ 位于 $z=z'$ 处，则该电荷元在 P 点激发的电场强度为

$$\mathrm{d}\boldsymbol{E}=\frac{1}{4\pi\varepsilon_0}\frac{\tau(2\boldsymbol{e}_z-z'\boldsymbol{e}_z)\mathrm{d}z'}{|2\boldsymbol{e}_z-z'\boldsymbol{e}_z|^3}$$

则整个带电线在 P 点激发的电场强度为

$$\begin{aligned}\boldsymbol{E} &= \int_l \mathrm{d}\boldsymbol{E} = \frac{\tau}{4\pi\varepsilon_0}\int_{-\infty}^{0} \frac{(2\boldsymbol{e}_z - z'\boldsymbol{e}_z)\mathrm{d}z'}{|2\boldsymbol{e}_z - z'\boldsymbol{e}_z|^3} \\ &= \frac{\tau}{4\pi\varepsilon_0 z}\boldsymbol{e}_z \\ &= 450\boldsymbol{e}_z(\mathrm{V/m})\end{aligned}$$

P 点所受到的电场力为

$$\boldsymbol{F}=q\boldsymbol{E}=1\times10^{-6}\times450=450\boldsymbol{e}_z(\mu\mathrm{N})$$

例 2-3 如图 2.4 所示,均匀带电圆环的半径为 a,求圆环中心轴线上任意一点的电场强度,设圆环上电荷的线密度为 τ。

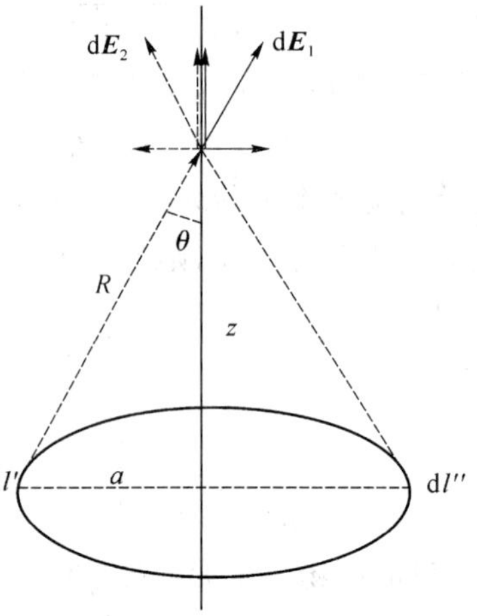

图 2.4 均匀带电圆环电场分布

解:在圆环上取线元 $\mathrm{d}l'$激发的电场为 $\mathrm{d}\boldsymbol{E}_1$,而在 $\phi+180°$的电荷元 $\mathrm{d}l''$ 会在相同位置激发一大小相等、方向对称的电场 $\mathrm{d}\boldsymbol{E}_2$,这两个电场 $\mathrm{d}\boldsymbol{E}_1$ 和 $\mathrm{d}\boldsymbol{E}_2$ 的合成场量只有沿轴线 Z 的分量,故带电圆环总电场方向为轴线方向,因为

$$\mathrm{d}E_1=\frac{\tau\mathrm{d}l'}{4\pi\varepsilon_0 R^2}=\frac{\tau a\mathrm{d}\phi}{4\pi\varepsilon_0 R^2}$$

其中,ϕ 为电荷元对圆环中心的张角。所以

$$\mathrm{d}E_{1z} = \frac{\tau a\,\mathrm{d}\phi}{4\pi\varepsilon_0 R^2}\cos\theta$$

$$E_z = \int\mathrm{d}E_{1z} = \int_0^{2\pi}\frac{\tau a\,\mathrm{d}\phi}{4\pi\varepsilon_0 R^2}\cos\theta = \frac{z\pi\tau a}{4\pi\varepsilon_0 R^2}\cos\theta$$

又因为 $R^2=a^2+z^2$,$\cos\theta=\dfrac{z}{R}=\dfrac{z}{\sqrt{a^2+z^2}}$,所以有

$$E_z=\frac{2\pi\tau a}{4\pi\varepsilon_0}\frac{z}{(a^2+z^2)^{3/2}}=\frac{\tau a z}{2\varepsilon_0(a^2+z^2)^{3/2}}$$

即

$$\boldsymbol{E}=\frac{\tau a z}{2\varepsilon_0(a^2+z^2)^{3/2}}\boldsymbol{e}_z$$

例 2-4 设有一均匀带电的无限大平面,其面电荷的分布为 σ,求距该平面前 z 处的

电场强度。

解:自场点向平面作垂线,以垂线于平面的交点为圆心,以半径为 a 作环形电荷元,则根据上一例题的结论,此电荷元在 z 处激发的电场强度 $\mathrm{d}\boldsymbol{E}$ 为

$$\mathrm{d}\boldsymbol{E}=\frac{2\pi az\sigma\mathrm{d}a}{4\pi\varepsilon_0(a^2+z^2)^{3/2}}\boldsymbol{e}_z$$

平面前 z 处的电场强度为

$$\boldsymbol{E}=\int_0^\infty\frac{az\sigma\mathrm{d}a}{2\varepsilon_0(a^2+z^2)^{3/2}}\boldsymbol{e}_z=\frac{\sigma z}{2\varepsilon_0}\int_0^\infty\frac{a\mathrm{d}a}{(a^2+z^2)^{3/2}}\boldsymbol{e}_z=\frac{\sigma z}{2\varepsilon_0}\boldsymbol{e}_z$$

2.3 真空中的高斯定理

2.3.1 电场线

电场的分布比较抽象,看不到,摸不着,为形象直观地描述电场的特点,通常引入假想的一簇曲线——电场线来描述电场的分布。

电场线又称为电场强度线、$\boldsymbol{E}$ 线。它是一簇曲线,曲线上每一点的切线方向与该点电场强度的方向一致,曲线的疏密程度表征该点电场强度的大小。垂直通过单位面积电场线的条数(电场线密度)在数值上就等于该点处电场强度的 $\boldsymbol{E}$ 大小。

图 2.5 给出孤立点电荷电场线的情况,由图知电场线的一些特点:电场线不是闭合曲线,它起始于正电荷,终止于负电荷或无限远处;任何两条电场线都不能相交。须指出的是,电场是一种物质;电场线不是客观存在的一种物质,而是人为画出形象描述电场分布的辅助工具。

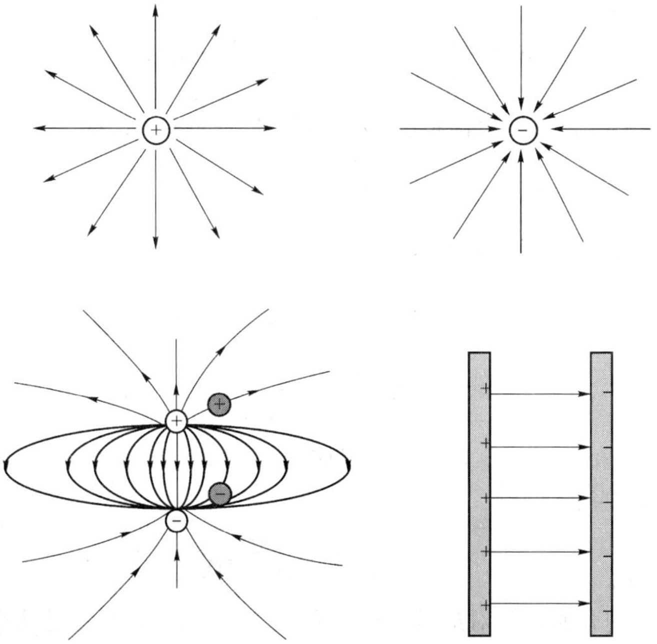

图 2.5 电荷电场线分布

2.3.2 电场通量

通过曲面 S 电场线的条数称为穿过该曲面的电场强度的通量，用 ψ_e 表示，即

$$\psi_e = \int_S \boldsymbol{E} \cdot \mathrm{d}\boldsymbol{S} \tag{2-11}$$

其中，$\mathrm{d}\boldsymbol{S}$ 为曲面 S 上的面积元，如图 2.6 所示。

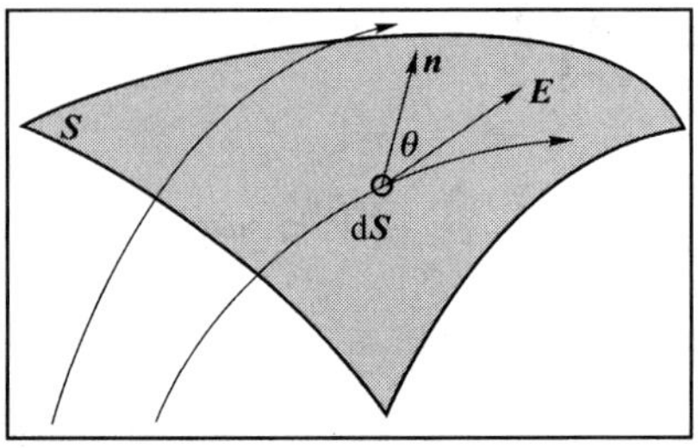

图 2.6 曲面 S 上的面积元 $\mathrm{d}\boldsymbol{S}$

2.3.3 高斯定理

通过某一闭合曲面电场强度的通量等于闭合曲面所包围电荷电量除以真空中的介电常数，即

$$\oint_S \boldsymbol{E} \cdot \mathrm{d}\boldsymbol{S} = \frac{q}{\varepsilon_0} \tag{2-12}$$

证明：假定用任意曲面 S 包围位于 O 点的点电荷 q，则 q 在曲面 S 上任一点 P 激发电场的电场强度为

$$\boldsymbol{E} = \frac{q(\boldsymbol{r}-\boldsymbol{r}')}{4\pi\varepsilon_0 |\boldsymbol{r}-\boldsymbol{r}'|^3} = \frac{q}{4\pi\varepsilon_0 |\boldsymbol{r}-\boldsymbol{r}'|^2}\boldsymbol{e}_R$$

其中，$\boldsymbol{r}$ 为 P 点的位矢，$\boldsymbol{r}'$ 为 O 点的位矢，$\boldsymbol{e}_R = \dfrac{\boldsymbol{r}-\boldsymbol{r}'}{|\boldsymbol{r}-\boldsymbol{r}'|}$ 为单位位矢。穿过曲面 S 的电场强度的通量为

$$\begin{aligned}\psi_e &= \oint_S \frac{q}{4\pi\varepsilon_0 |\boldsymbol{r}-\boldsymbol{r}'|^2}\boldsymbol{e}_R \cdot \mathrm{d}\boldsymbol{S} \\ &= \oint_S \frac{q}{4\pi\varepsilon_0 |\boldsymbol{r}-\boldsymbol{r}'|^2}\boldsymbol{e}_R \cdot \boldsymbol{e}_n \mathrm{d}S \\ &= \frac{q}{4\pi\varepsilon_0}\oint_S \frac{1}{|\boldsymbol{r}-\boldsymbol{r}'|^2}\boldsymbol{e}_R \cdot \boldsymbol{e}_n \mathrm{d}S\end{aligned}$$

上式中的被积函数是面积元 $\mathrm{d}S$ 对 O 点所对应的立体角 $\mathrm{d}\Omega$，如图 2.7 所示。

因此，上式可以写成

$$\psi_e = \frac{q}{4\pi\varepsilon_0}\oint_S \frac{\mathrm{d}\Omega}{|\boldsymbol{r}-\boldsymbol{r}'|^2}$$

可以证明任何闭合曲面所对应的立体角都是 4π 弧度，于是通过曲面 S 的电场强度的通量为

$$\oint_S \boldsymbol{E} \cdot \mathrm{d}\boldsymbol{S} = \frac{q}{\varepsilon_0}$$

证毕。

当闭合曲面中包围多个点电荷时，式(2-12)成为

$$\oint_S \boldsymbol{E} \cdot \mathrm{d}\boldsymbol{S} = \frac{1}{\varepsilon_0}\sum_{i=1}^{n} q_i \tag{2-13}$$

须指出的是，通过闭合曲面电场强度的通量与闭合曲面内电荷如何分布无关；闭合曲面上某点的电场强度是由空间所有电荷共同激发的。当闭合曲面包围电荷连续分布的带电体时，式(2-13)成为

$$\oint_S \boldsymbol{E} \cdot \mathrm{d}\boldsymbol{S} = \frac{1}{\varepsilon_0}\int_V \rho_V \mathrm{d}V \tag{2-14}$$

式中，ρ_V 为电荷的体密度，利用散度定理，式(2-14)可以写为

$$\int_V \nabla \cdot \boldsymbol{E}\mathrm{d}V = \frac{1}{\varepsilon_0}\int_V \rho_V \mathrm{d}V \tag{2-15}$$

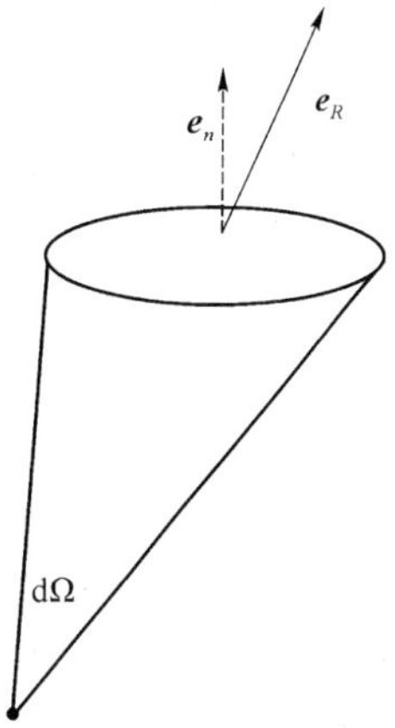

图 2.7　面积元 dS 对 O 点所对应的立体角 dΩ

为使上式在任何情况下都能成立，只有使等式两边的被积函数相等，于是得到

$$\nabla \cdot \boldsymbol{E} = \frac{\rho_V}{\varepsilon_0} \tag{2-16}$$

式(2-16)称为真空中高斯定理的微分形式。它表明真空中电场强度的散度等于该点电荷的体密度与真空的介电常数之比。

2.3.4　高斯定理的应用

静电场通常须解决两类问题，一类问题是已知电荷的分布求解电场的分布；另一类问题是已知电场的分布求解场源的分布，即电荷的分布。对于第一类问题，从已学的知识来讲主要有三种方法：第一种是直接积分法，将带电体看作无数个电荷元，计算出每个电荷元在空间同一点激发的电场强度，然后完成一个球积分的过程；第二种是高斯定理法，利用高斯定理求解某些具有特殊分布的场，可以大大简化求解过程；第三种就是后面讲到的边值求解方法。对于第二类问题，可以通过求解场量的散度得到电荷的分布。

应用高斯定理求解静电场问题，首先分析电场的分布情况。下面举例说明。

例 2-5　已知在半径为 a 的带电球面上面电荷的面密度为 ρ_S，求球内外电场强度的分布。

分析：在此问题中，电荷的对称分布决定电场的对称分布，即以带电球心为中心的同心球面上电场强度的大小相等，方向只有径向方向上的分量，而与两个方位角均无关，即 $\boldsymbol{E}=E(r)\boldsymbol{e}_r$。可以利用高斯定理求解。

解：以带电球面的中心为球心画一半径为 r 的闭合高斯球面，如图 2.8 所示。当 $r>a$ 时，高斯面所包围自由电荷的电量为 $Q=4\pi a^2\rho_S$；当 $r<a$ 时，高斯面所包围的电荷的电量为零。由于

$$\oint_S \boldsymbol{E}(r) \cdot \mathrm{d}\boldsymbol{S} = 4\pi r^2 E(r)$$

因此，当 $r>a$ 时，有

$$4\pi r^2 E(r)=\frac{4\pi a^2\rho_S}{\varepsilon_0}$$

$$\boldsymbol{E}=\frac{a^2\rho_S}{\varepsilon_0 r^2}\boldsymbol{e}_r$$

当 $r<a$ 时，有

$$\boldsymbol{E}=0$$

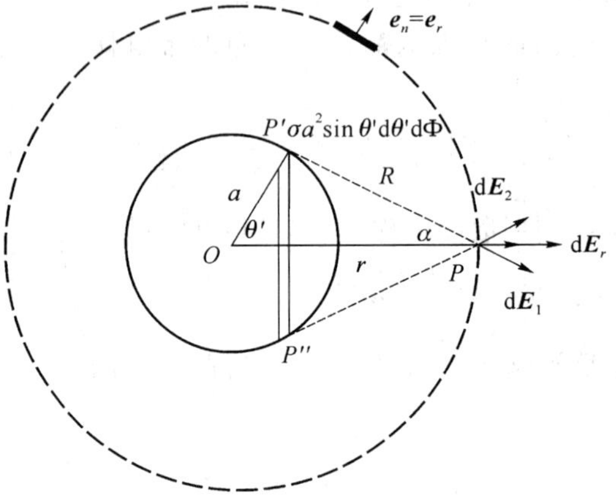

图 2.8　半径为 r 的高斯球面

2.4　电位及其梯度

2.4.1　静电场力做功

当电场中存在电荷时，电荷将受到力的作用。电荷移动，电场力做功。首先考虑在点电荷 Q 激发的电场中，将点电荷 q 从 A 点移动到 B 点电场力做功的情况，如图 2.9 所示。

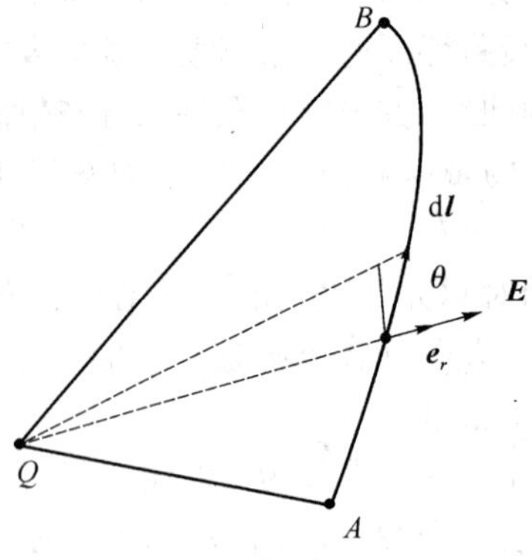

图 2.9　点电荷从 A 点移动到 B 点电场力做功

$$W = \frac{Qq}{4\pi\varepsilon_0}\int_A^B \frac{1}{r^2}\boldsymbol{e}_r \cdot \mathrm{d}\boldsymbol{l} \tag{2-17}$$

r 为路径上某点到 Q 的距离，$\boldsymbol{e}_r \cdot \mathrm{d}\boldsymbol{l} = \mathrm{d}l\cos\theta = \mathrm{d}r$，那么

$$W = \frac{Qq}{4\pi\varepsilon_0}\int_{r_A}^{r_B} \frac{\mathrm{d}r}{r^2} = \frac{qq_0}{4\pi\varepsilon_0}\left(\frac{1}{r_A} - \frac{1}{r_B}\right) \tag{2-18}$$

由式(2-18)可知，静电场力做功只与初始和终止位置有关，而与电荷所经过的具体路径无关。

在由许多电荷甚至带电体激发的电场中，静电场力做功同样与路径无关。

下面考察静电场力沿闭合路径做功的情况，如图 2.10 所示，在静电场中将点电荷 q 沿路径 $ADBCA$ 移动时静电场力所作功 W。

$$\begin{aligned} W &= q\oint_{ADBCA}\boldsymbol{E}\cdot\mathrm{d}\boldsymbol{l} \\ &= W_{ADB} + W_{BCA} \\ &= q\left(\int_{ADB}\boldsymbol{E}\cdot\mathrm{d}\boldsymbol{l} + \int_{BCA}\boldsymbol{E}\cdot\mathrm{d}\boldsymbol{l}\right) \\ &= \frac{Qq}{4\pi\varepsilon_0}\left(\frac{1}{r_A} - \frac{1}{r_B}\right) + \frac{Qq}{4\pi\varepsilon_0}\left(\frac{1}{r_B} - \frac{1}{r_A}\right) \\ &= 0 \end{aligned} \tag{2-19}$$

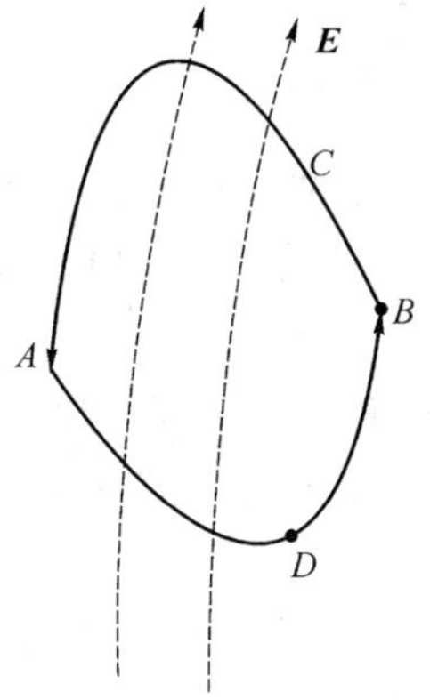

图 2.10 静电场力沿闭合路径做功

式(2-19)表明：沿闭合路径静电场力所做的功为零，静电场是保守场。由此可以得到静电场的环路定理：电场强度沿任意闭合路径的线积分为零，即

$$\oint_l \boldsymbol{E}\cdot\mathrm{d}\boldsymbol{l} = 0 \tag{2-20}$$

利用斯托克斯定理，式(2-20)可写为

$$\oint_l \boldsymbol{E}\cdot\mathrm{d}\boldsymbol{l} = \int_S (\nabla\times\boldsymbol{E})\cdot\mathrm{d}\boldsymbol{S} = 0 \tag{2-21}$$

使式(2-21)在任何情况都能成立，有且只有

$$\nabla\times\boldsymbol{E} = 0 \tag{2-22}$$

式(2-22)表明真空中的静电场是无旋场，静电场电场强度的旋度处处为零。

2.4.2 电位及其梯度

根据矢量恒等式，一个标量函数梯度的旋度等于零，因此电场强度可以用一个标量函数的梯度来表示，称之为电位函数，用 φ 表示，即

$$\boldsymbol{E}=-\nabla\varphi \tag{2-23}$$

电位函数 φ 是表征静电场特性的另一个物理量，在 SI 单位制中，其单位是伏特(V)。式(2-23) 中的负号表示电场强度 $\boldsymbol{E}$ 的方向与 $\nabla\varphi$ 的方向相反，电场强度指向电位减小率最大的方向。电场线总是从电位高的位置指向电位低的位置。

引入电位的概念之后，当点电荷 q 从 A 点移动到 B 点时，电场力所做的功等于

$$W=q\int_A^B\boldsymbol{E}\cdot\mathrm{d}\boldsymbol{l}=-q\int_A^B\nabla\varphi\cdot\mathrm{d}\boldsymbol{l}$$

由于 $\nabla\varphi\cdot\mathrm{d}\boldsymbol{l}=\mathrm{d}\varphi$，于是，上式成为

$$W=-q\int_{\varphi_A}^{\varphi_B}\mathrm{d}\varphi=q(\varphi_A-\varphi_B)=qU_{AB} \tag{2-24}$$

式中，φ_A、φ_B 分别为 A 点和 B 点的电位；$U_{AB}=(\varphi_A-\varphi_B)$为 A、B 两点的电位差，通常称为两点的电压，在 SI 单位制中，电压的单位为伏特(V)。式(2-24)表明，电场中电荷从 A 点移到 B 点电场力所做的功等于电荷的电量乘以两点间的电压。

当 q 为单位试验正电荷时，有

$$W=\int_A^B\boldsymbol{E}\cdot\mathrm{d}\boldsymbol{l}=\varphi_A-\varphi_B=U_{AB} \tag{2-25}$$

即电场中两点的电位差等于移动单位试验正电荷电场力所做的功。由于静电场是保守场，仿照重力做功的特点，可以引入电位能。静电场力做正功，电荷的电位能减少；静电场力做负功，电荷的电位能增加。

虽然电场中两点间的电位差有确定的值，但空间某点的电位并不确定。由于电场强度与电位函数之间是微分运算关系，如果用 φ 表示空间静电场电场强度 $\boldsymbol{E}$ 的电位函数，则有

$$\boldsymbol{E}=-\nabla\varphi=-\nabla(\varphi+C)$$

式中，C 为任意常数。上式表明，φ 和 $\varphi+C$ 两个函数表示同样的电场强度 $\boldsymbol{E}$，电位的值是相对的。为了得到空间某点电位的确定值，可以人为地选择空间某一点作为零电位点(参考点)，参考点选择不同，空间电位值也不同。但是，电位的参考点一经确定，空间各点的电位值便都被确定。例如，选取空间 Q 点作为参考点，则空间任意一点 A 的电位为

$$\varphi=\int_A^Q\boldsymbol{E}\cdot\mathrm{d}\boldsymbol{l} \tag{2-26}$$

式(2-26)表明，空间某点的电位值等于将单位试验正电荷从参考点移动到该点时电场力所做的功。

在处理实际问题时，选择电位的参考点通常遵循以下原则：

(1) 同一个物理问题只能选取一个参考点；

(2) 选择参考点尽可能使电位表达式比较简单，且有意义；

(3) 电荷分布在有限区域时，选择无穷远处为参考点；

(4) 电荷分布在无穷远区时，选择有限位置处为参考点；

(5) 在工程问题中，选择地面作为参考点。

选择无限远处作为电位的参考点时，空间任意一点 A 的电位为

$$\varphi = \int_A^{\infty} \boldsymbol{E} \cdot \mathrm{d}\boldsymbol{l} \tag{2-27}$$

由此可以得到位于坐标原点的点电荷 q 在空间 $\boldsymbol{r}$ 处产生的电位为

$$\varphi(\boldsymbol{r}) = \frac{q}{4\pi\varepsilon_0 r} \tag{2-28}$$

2.4.3 电位的计算

设空间存在 n 个点电荷 $q_1, q_2, \cdots, q_n$，其位置矢量分别为 $\boldsymbol{r}_1, \boldsymbol{r}_2, \cdots, \boldsymbol{r}_n$，则由这些电荷组成的电荷系在场点 $\boldsymbol{r}$ 处产生的电位为

$$\varphi(\boldsymbol{r}) = \sum_{i=1}^{n} \frac{q_i}{4\pi\varepsilon_0 |\boldsymbol{r} - \boldsymbol{r}_i|} \tag{2-29}$$

电荷分布在空间曲线 l 上，设线电荷密度为 τ(C/m)，则整条曲线 l 上的电荷在空间场点 $\boldsymbol{r}$ 处产生的电位为

$$\varphi(\boldsymbol{r}) = \frac{1}{4\pi\varepsilon_0} \int_l \frac{\tau(\boldsymbol{r}')}{|\boldsymbol{r} - \boldsymbol{r}'|} \mathrm{d}l(\boldsymbol{r}') \tag{2-30}$$

电荷分布在空间曲面 S 上，设面电荷密度为 σ($\mathrm{C/m^2}$)，则整个带电曲面上的电荷在空间场点 $\boldsymbol{r}$ 处产生的电位为

$$\varphi(\boldsymbol{r}) = \frac{1}{4\pi\varepsilon_0} \int_S \frac{\sigma(\boldsymbol{r}')}{|\boldsymbol{r} - \boldsymbol{r}'|} \mathrm{d}S(\boldsymbol{r}') \tag{2-31}$$

电荷分布在空间带电体 V 内，设体电荷密度为 ρ($\mathrm{C/m^3}$)，则整个带电体在空间场点 $\boldsymbol{r}$ 处产生的电位为

$$\varphi(\boldsymbol{r}) = \frac{1}{4\pi\varepsilon_0} \int_V \frac{\rho(\boldsymbol{r}')}{|\boldsymbol{r} - \boldsymbol{r}'|} \mathrm{d}V(\boldsymbol{r}') \tag{2-32}$$

标量电位函数可以将求解静电场电场强度的矢量问题转化为求解标量电位函数的问题，从而给分析解决问题带来很大方便。

例 2-6 计算电偶极子的电场强度。

解：所谓电偶极子是指两个带等量异号的点电荷，电荷之间的距离 l 与待求场点到其中心的距离相比很小。

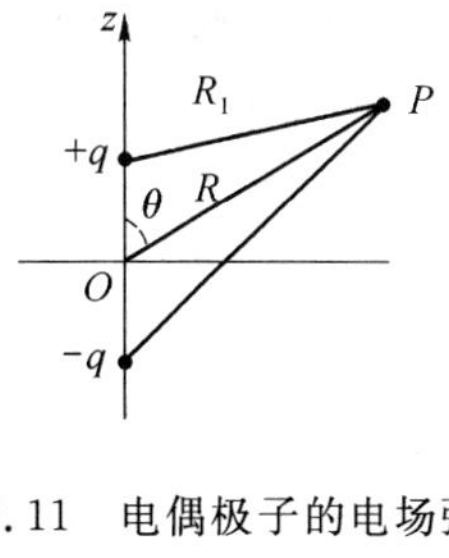

图 2.11 电偶极子的电场强度

如图 2.11 所示，设 $+q$ 和 $-q$ 到场点 P 的距离分别为 R_1 和 R_2，则两点电荷在 P 点产生的电位为

$$\varphi = \frac{q}{4\pi\varepsilon_0 R_1} - \frac{q}{4\pi\varepsilon_0 R_2} = \frac{q}{4\pi\varepsilon_0}\left(\frac{R_2 - R_1}{R_1 R_2}\right)$$

如果 $R \gg l$，则有 $R_2 - R_1 \approx d\cos\theta$，所以，有

$$\varphi = \frac{ql\cos\theta}{4\pi\varepsilon_0 R^2}$$

上式也可表示为

$$\varphi=\frac{q\boldsymbol{l}\cdot\boldsymbol{e}_r}{4\pi\varepsilon_0 R^2}=\frac{\boldsymbol{p}\cdot\boldsymbol{e}_r}{4\pi\varepsilon_0 R^2} \tag{2-33}$$

式中，$\boldsymbol{l}$ 为 $+q$ 相对于 $-q$ 的位置矢量；$\boldsymbol{p}=q\boldsymbol{l}$ 为电偶极子的电偶极矩，其单位为库仑·米(C·m)。利用 $\boldsymbol{E}=-\nabla\varphi$ 可以求得电偶极子在空间激发电场强度的分布，即

$$\boldsymbol{E}=\boldsymbol{e}_r\frac{p\cos\theta}{2\pi\varepsilon_0 r^3}+\boldsymbol{e}_\theta\frac{p\cos\theta}{4\pi\varepsilon_0 r^3}$$

2.5 介质中的静电场

2.5.1 介质的极化

物质是由原子构成的，原子又由位于中心带正电的原子核和绕核旋转带负电的电子组成。原子核和电子之间存在相互作用力，这种相互作用力因物质不同而存在很大差别。导体中电子与原子之间的相互作用力很弱，电子比较容易脱离原子核的束缚成为自由电子，在外加电场的作用下，导体中的电子定向移动形成电流。严格意义上的介质是绝缘体，大部分电子受到很强的内部约束，紧紧地束缚在原子核周围，不能自由移动，这样的电荷称为束缚电荷。在很强的外加电场作用下，介质中的电子脱离原子核的束缚，成为自由电子，这种现象称为介质的击穿，介质击穿后能够像导体一样导电。

根据介质中电荷的分布情况，可以将介质分子分为有极性分子和无极性分子。在无极性分子中，无外加电场时，分子正负电荷的中心重合，如氢气、甲烷等；在有极性分子中，即使不存在外加电场，原子中正负电荷的中心也不重合，如水、有机玻璃等，正负电荷的中心形成电偶极子，并有一定的电偶极矩。当不存在外加电场时，由于分子的热运动，各个电偶极子的电偶极矩的排列是杂乱无章的，所以介质对外不显电性。

在存在外加电场的情况下，无极性分子正负电荷的中心发生相对位移，这时每个分子都可以看作为一个电偶极子，这种现象称为位移极化；有极性分子的电偶极矩在外电场的作用下发生偏转，导致电偶极矩的排列方向大致相同，称为取向极化。介质极化后在介质表面产生宏观的电荷分布；如果介质是不均匀的，介质的极化导致介质内部产生宏观的电荷分布，这种现象称为介质的极化，产生的电荷称为极化电荷。外电场撤销，极化现象消失。

外加电场作用于介质，引起介质发生位移极化或取向极化，外加电场越强，介质的极化程度越强。为了衡量介质的极化强弱，引入宏观极化强度矢量 $\boldsymbol{P}$。极化强度 $\boldsymbol{P}$ 定义为单位体积内电偶极矩的矢量和，即

$$\boldsymbol{P}=\lim_{\Delta V\to 0}\frac{\sum_i \boldsymbol{p}_i}{\Delta V} \tag{2-34}$$

式中，$\boldsymbol{p}_i$ 为 ΔV 中第 i 个分子的电偶极矩。在 SI 单位制中，$\boldsymbol{P}$ 的单位是库仑/平方米(C/m^2)。

在外电场的作用下，介质发生极化产生极化电荷。下面推导极化电荷与极化强度 $\boldsymbol{P}$ 的关系。如图 2.12 所示，设极化介质的体积为 V'，其内极化强度为 $\boldsymbol{P}(\boldsymbol{r}')$，则由前面学到的知识可以得到 $\mathrm{d}V'$ 体积内的极化强度 $\boldsymbol{P}(\boldsymbol{r}')\mathrm{d}V'$ 在 $\boldsymbol{r}$ 处激发电场的电位 $\mathrm{d}\varphi$ 为

$$d\varphi_P=\frac{\boldsymbol{P}(\boldsymbol{r}')\cdot(\boldsymbol{r}-\boldsymbol{r}')}{4\pi\varepsilon_0|\boldsymbol{r}-\boldsymbol{r}'|^3}dV'$$

极化介质在空间 $\boldsymbol{r}$ 处产生的电位为

$$\varphi_P(\boldsymbol{r})=\int_{V'}\frac{\boldsymbol{P}(\boldsymbol{r}')\cdot(\boldsymbol{r}-\boldsymbol{r}')}{4\pi\varepsilon_0|\boldsymbol{r}-\boldsymbol{r}'|^3}dV'$$

利用$\nabla'\frac{1}{|\boldsymbol{r}-\boldsymbol{r}'|}=\frac{\boldsymbol{r}-\boldsymbol{r}'}{|\boldsymbol{r}-\boldsymbol{r}'|^3}$,上式可改写为

$$\varphi_P(\boldsymbol{r})=\frac{1}{4\pi\varepsilon_0}\int_{V'}\boldsymbol{P}(\boldsymbol{r}')\cdot\nabla'\frac{1}{|\boldsymbol{r}-\boldsymbol{r}'|}dV'$$

再利用矢量恒等式$\nabla\cdot(\varphi\boldsymbol{A})=\varphi\nabla\cdot\boldsymbol{A}+\boldsymbol{A}\cdot\nabla\varphi$,可以得到

$$\varphi_P(\boldsymbol{r})=\frac{1}{4\pi\varepsilon_0}\int_{V'}\nabla'\cdot\left[\frac{\boldsymbol{P}(\boldsymbol{r}')}{|\boldsymbol{r}-\boldsymbol{r}'|}\right]dV'-\frac{1}{4\pi\varepsilon_0}\int_{V'}\frac{\nabla'\cdot\boldsymbol{P}(\boldsymbol{r}')}{|\boldsymbol{r}-\boldsymbol{r}'|}dV'$$

根据散度定理,将上式中的体积分转化为面积分,得到

$$\varphi_P(\boldsymbol{r})=\frac{1}{4\pi\varepsilon_0}\oint_{S'}\frac{\boldsymbol{P}(\boldsymbol{r}')\cdot\boldsymbol{e}_n dS'}{|\boldsymbol{r}-\boldsymbol{r}'|}-\frac{1}{4\pi\varepsilon_0}\int_{V'}\frac{\nabla'\cdot\boldsymbol{P}(\boldsymbol{r}')}{|\boldsymbol{r}-\boldsymbol{r}'|}dV'$$

将上式中的两项分别与式(2-31)、式(2-32)比较后可知,面积分中的 $\boldsymbol{P}(\boldsymbol{r}')\cdot\boldsymbol{e}_n$ 相当于面电荷密度,体积分中的$-\nabla\cdot\boldsymbol{P}(\boldsymbol{r}')$相当于体电荷密度。由于这两项都是由极化电荷引起的,所以可以得到极化电荷的面密度和极化电荷的体密度:

$$\sigma_P=\boldsymbol{P}\cdot\boldsymbol{e}_n \tag{2-35}$$

$$\rho_P=-\nabla\cdot\boldsymbol{P} \tag{2-36}$$

式(2-35)中,$\boldsymbol{e}_n$ 为介质的外法线方向。

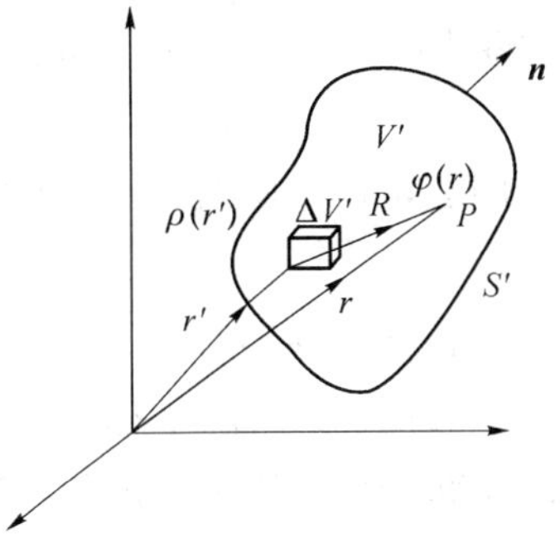

图 2.12 电介质极化建立的电位

2.5.2 介质中静电场的基本方程

若介质中存在静电场,介质会发生极化现象,产生极化电荷,所以介质中的电场是由两种"场源"共同引起的:自由电荷的电场 $\boldsymbol{E}_f$ 和极化电荷的电场 $\boldsymbol{E}_P$,即 $\boldsymbol{E}=\boldsymbol{E}_f+\boldsymbol{E}_P$。

1) 介质中的高斯定理

介质中存在极化电荷时,高斯定理的微分形式可改写为

$$\nabla\cdot\boldsymbol{E}=\frac{\rho_f+\rho_P}{\varepsilon_0} \tag{2-37}$$

式中，ρ_f 为自由电荷的体密度，$\rho_P=-\nabla\cdot\boldsymbol{P}$ 为极化电荷的体密度。代入上式，得到

$$\varepsilon_0\nabla\cdot\boldsymbol{E}=\rho_f-\nabla\cdot\boldsymbol{P}$$

$$\nabla\cdot(\varepsilon_0\boldsymbol{E}+\boldsymbol{P})=\rho_f$$

定义一个新的物理量——电位移矢量 $\boldsymbol{D}$，令

$$\boldsymbol{D}=\varepsilon_0\boldsymbol{E}+\boldsymbol{P} \tag{2-38}$$

则有

$$\nabla\cdot\boldsymbol{D}=\rho_f \tag{2-39}$$

即介质中电位移的散度等于自由电荷的体密度，式(2-39)为介质中高斯定理的微分形式，表明介质中的静电场是有散场。

在电场中取闭合曲面 S，S 所包围的区域为 V，设 S 内的自由电荷为 Q_f，则

$$Q_f=\int_V\rho_f\,\mathrm{d}V=\int_V\nabla\cdot\boldsymbol{D}\mathrm{d}V=\oint_S\boldsymbol{D}\cdot\mathrm{d}\boldsymbol{S} \tag{2-40}$$

式(2-40)表明：介质中电位移矢量在闭合曲面上的通量等于闭合曲面所包围自由电荷的电量。式(2-40)是高斯定理的积分形式，式(2-39)和式(2-40)是高斯定理的一般形式。

真空作为一种特殊的介质，其在电场中极化强度矢量为零，无极化电荷。所以，真空中的高斯定理表现为式(2-12)和式(2-16)。

电位移 $\boldsymbol{D}$ 又称为电通密度，在 SI 单位制中，其单位是库仑/平方米，式(2-38)是电位移的定义式，它在任何介质中都成立，是电介质的本构方程。实验表明，在各向同性的线性介质中，电极化强度 $\boldsymbol{P}$ 与电场强度呈正比，即

$$\boldsymbol{P}=\varepsilon_0\chi\boldsymbol{E} \tag{2-41}$$

式中，χ 称为介质的电极化率。将式(2-41)代入式(2-38)，在各向同性的线性介质中，电位移 $\boldsymbol{D}$ 可写为

$$\boldsymbol{D}=\varepsilon_0\boldsymbol{E}+\varepsilon_0\chi\boldsymbol{E}=\varepsilon_0(1+\chi)\boldsymbol{E} \tag{2-42}$$

令 $\varepsilon=\varepsilon_0(1+\chi)=\varepsilon\varepsilon_r$，则有

$$\boldsymbol{D}=\varepsilon\boldsymbol{E}=\varepsilon_0\varepsilon_r\boldsymbol{E} \tag{2-43}$$

式(2-43)称为线性各向同性介质中的本构方程。ε 称为介质的介电常数，在 SI 单位制中，其单位是法拉/米(F/m)；$\varepsilon_r=\varepsilon/\varepsilon_0$ 称为介质的相对介电常数，无量纲。

例 2-7　一点电荷 q 位于半径为 a 的球形空腔的中心，空腔的周围充满介电常数为 ε 的电介质，求空腔内外电场强度的分布，哪里可能存在极化电荷？并求其分布。

解：点电荷激发的电场呈球形对称分布，电场强度和电位移仅与场点到 q 的距离 r 有关，方向沿球坐标的径向方向，即 $\boldsymbol{E}=E(r)\boldsymbol{e}_r$，$\boldsymbol{D}=D(r)\boldsymbol{e}_r$。根据高斯定理，有

$$\oint_S\boldsymbol{D}\cdot\mathrm{d}\boldsymbol{S}=q=4\pi r^2D$$

于是有

$$\boldsymbol{D}=\frac{q}{4\pi r^2}\boldsymbol{e}_r$$

空腔内的电场强度为

$$\boldsymbol{E}_1=\frac{q}{4\pi\varepsilon_0 r^2}\boldsymbol{e}_r$$

在电介质中，根据 $\boldsymbol{D}=\varepsilon\boldsymbol{E}$，所以介质中的电场强度为

$$\boldsymbol{E}_2=\frac{q}{4\pi\varepsilon r^2}\boldsymbol{e}_r$$

空腔内为真空，不存在极化电荷。

介质中的极化强度为

$$\boldsymbol{P}=\boldsymbol{D}-\varepsilon_0\boldsymbol{E}_2=\frac{q(\varepsilon-1)}{4\pi\varepsilon r^2}\boldsymbol{e}_r$$

介质中极化电荷的体密度为

$$\rho_{\mathrm{P}}=-\nabla\cdot\boldsymbol{P}=-\frac{1}{r^2}\frac{\mathrm{d}}{\mathrm{d}r}\left(r^2\ \frac{q\varepsilon-q}{4\pi\varepsilon r^2}\right)=0$$

在介质和真空的分界上，极化电荷的面密度为

$$\sigma_{\mathrm{P}}=\boldsymbol{P}(a)\cdot\boldsymbol{e}_n=\frac{q(\varepsilon-1)}{4\pi\varepsilon a^2}\boldsymbol{e}_r\cdot(-\boldsymbol{e}_r)=\frac{q(1-\varepsilon)}{4\pi\varepsilon a^2}$$

2）静电场的环路定理

介质中的极化电荷作为一种场源，虽然不能像自由电荷一样自由移动，但其同样遵循库仑定律，激发的电场同样是保守场，即

$$\oint_L\boldsymbol{E}_{\mathrm{P}}\cdot\mathrm{d}\boldsymbol{l}=0$$

因此，在介质中有

$$\oint_L\boldsymbol{E}\cdot\mathrm{d}\boldsymbol{l}=\oint_L(\boldsymbol{E}_{\mathrm{f}}+\boldsymbol{E}_{\mathrm{P}})\cdot\mathrm{d}\boldsymbol{l}=\oint_L\boldsymbol{E}_{\mathrm{f}}\cdot\mathrm{d}\boldsymbol{l}+\oint_L\boldsymbol{E}_{\mathrm{P}}\cdot\mathrm{d}\boldsymbol{l}=0 \tag{2-44}$$

式(2-44)表明，介质中电场强度沿闭合路径的积分为零，说明介质中的静电场是保守场。

利用斯托克斯定理，可以得到式(2-44)的微分形式：

$$\nabla\times\boldsymbol{E}=0 \tag{2-45}$$

即介质中的静电场是无旋场。

高斯定律和环路定理是静电场的两个基本方程，其积分形式反映场量在每个闭合曲面和每条回路上的整体情况，微分形式则给出各点及其邻域场量的情况，也反映从一点到另一点场量的变化，从而可以更精细地描述场的分布。从数学角度来说，微分形式更便于计算和分析。然而，当空间区域存在不同介电常数的介质，在介质边界的两侧介电常数发生突变时，电场强度和电位移也发生突变，静电场的微分方程不再适用。但是，静电场方程的积分形式仍然成立。

2.6 边界衔接条件

2.5 节提到，在两种介质的分界面处，由于介质的性质突变，静电场基本方程的微分形式不再适用，本节以静电场基本方程的积分形式出发，推导两种不同介质分界面两侧静电场所满足的衔接条件。

2.6.1 电场强度满足的衔接条件

如图 2.13 所示，在分界面上作一矩形回路 $ABCDA$，回路的长度很小，可以认为电场在 AB 和 CD 上是均匀的，矩形回路的高度 $BC\to 0$ 、$AD\to 0$，所以电场强度在 BC 和 AD 上的积分可以忽略，则电场强度沿矩形回路的积分可以写为

$$\oint_{ABCDA}\boldsymbol{E}\cdot \mathrm{d}\boldsymbol{l}=\int_{AB}\boldsymbol{E}_1\cdot \mathrm{d}\boldsymbol{l}+\int_{CD}\boldsymbol{E}_2\cdot \mathrm{d}\boldsymbol{l}$$
$$=\boldsymbol{E}_1\cdot\Delta\boldsymbol{l}-\boldsymbol{E}_2\cdot\Delta\boldsymbol{l}$$

根据静电场的环路定理

$$\boldsymbol{E}_1\cdot\Delta\boldsymbol{l}-\boldsymbol{E}_2\cdot\Delta\boldsymbol{l}=0$$

所以

$$E_{1t}=E_{2t} \tag{2-46}$$

即在两种不同介质的分界面两侧电场强度的切向分量是连续的。

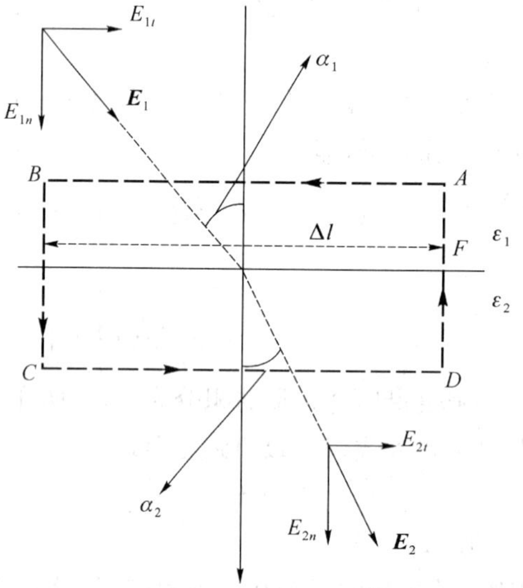

图 2.13　电场强度满足的衔接条件

2.6.2 电位移满足的衔接条件

如图 2.14 所示，在两种介质的分界面上构建一个扁圆柱，圆柱的底面很小，其高度趋于零，则扁圆柱所包围自由电荷的电量为 $Q=\sigma_S\Delta S$，σ_S 为分界面上自由电荷的面密度，根据高斯定理有

$$\oint_S\boldsymbol{D}\cdot \mathrm{d}\boldsymbol{S}=(-D_{1n}+D_{2n})\Delta S$$
$$=\sigma_S\Delta S$$

因此

$$D_{2n}-D_{1n}=\sigma_S \tag{2-47}$$

式(2-47)表明，在两种不同介质的分界面两侧电位移矢量的法向分量不连续，两者之差等于分界面上自由电荷的面密度。

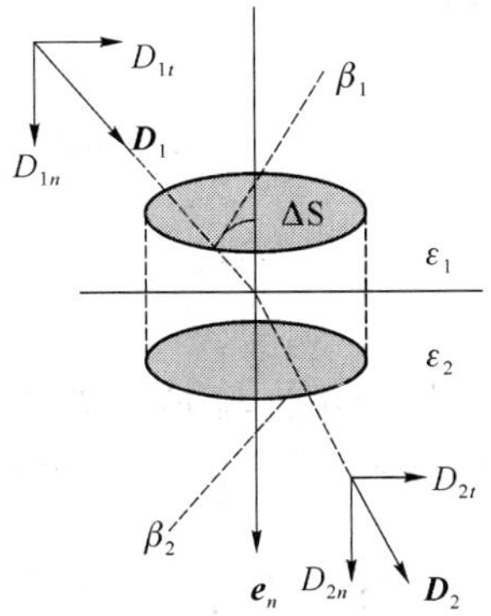

图 2.14　电位移满足的衔接条件

在一般情况下，当两种介质的分界面上不存在自由电荷，即 $\sigma_S=0$ 时，有

$$D_{2n}=D_{1n} \tag{2-48}$$

2.6.3　静电场的折射定理

如果两种介质都是线性各向同性介质，根据式(2-43)，$\boldsymbol{D}=\varepsilon\boldsymbol{E}$，此时两种介质中电场强度和电位移的方向相同，即 $\alpha_1=\beta_1$，$\alpha_2=\beta_2$。当介质表面无自由电荷分布时，存在以下关系

$$E_1\sin\alpha_1=E_2\sin\alpha_2$$

$$\varepsilon_1 E_1\cos\alpha_1=\varepsilon_2 E_2\cos\alpha_2$$

由以上两式得到

$$\frac{\tan\alpha_1}{\tan\alpha_2}=\frac{\varepsilon_1}{\varepsilon_2} \tag{2-49}$$

式(2-49)称为静电场的折射定律，适用于无面电荷分布的两种各向同性线性介质的分界面。

2.6.4　导体和介质的分界面上场量满足的衔接条件

对于上述两种媒质，如果有一种媒质是导体时，由于静电场中的导体处于静电平衡状态，其内部没有自由电荷，电场强度处处为零，导体是一种等势体，其表面为等势面，所以导体表面只存在电场强度的法向分量。利用介质与介质分界面上的衔接条件，如果设导体为第一种物质，可以得到导体和介质的分界面上的衔接条件，即

$$E_{1t}=E_{2t}=0 \tag{2-50}$$

$$D_{2n}=\sigma_S \tag{2-51}$$

式(2-50)、式(2-51)表明在导体和介质的分界面上，电强强度的切向分量连续，介质表面的电位移的法向分量等于导体表面自由电荷的面密度。这里已经考虑到 $\boldsymbol{D}_1=0$。

2.6.5 位函数的衔接条件

在分界面两侧各取一点 A 和 B，设其电位分别为 φ_1 和 φ_2，A、B 两点的距离为 d，则分界面两侧的电位差为

$$\varphi_2 - \varphi_1 = \int_A^B \boldsymbol{E} \cdot \mathrm{d}\boldsymbol{l}$$

当距离 $d \to 0$ 时，有

$$\varphi_1 = \varphi_2 \tag{2-52}$$

上式表明，在分界两侧电位是连续的，此结论与 $E_{1t} = E_{2t}$ 等效。

在线性各向同性介质中，将 $\boldsymbol{D} = \varepsilon \boldsymbol{E} = -\varepsilon \nabla \varphi$ 代入式(2-47)，可以得到

$$\varepsilon_1 \frac{\partial \varphi_1}{\partial n} - \varepsilon_2 \frac{\partial \varphi_2}{\partial n} = \sigma_S \tag{2-53}$$

当 $\sigma_S = 0$ 时，有

$$\varepsilon_1 \frac{\partial \varphi_1}{\partial n} = \varepsilon_2 \frac{\partial \varphi_2}{\partial n} \tag{2-54}$$

式(2-52) 和式(2-53)是位函数在两种不同介质分界面两侧的衔接条件。

当两种物质有一种是导体，设第一种介质是导体时，有

$$\varphi_1 = \varphi_2 = 常数 \tag{2-55}$$

$$\varepsilon_2 \frac{\partial \varphi_2}{\partial n} = -\sigma_S \tag{2-56}$$

运用分界面两侧场量满足的衔接条件可以方便地由分界面一侧场量的分布得到另一侧场量的分布。

例 2-8 设 $z>0$ 的区域为自由空间，$z<0$ 的区域为介电常数为 $40\varepsilon_0$ 的电介质；已知自由空间的电场强度为 $\boldsymbol{E}_1 = 15\boldsymbol{e}_x + 20\boldsymbol{e}_y + 40\boldsymbol{e}_z$ (V/m)。求 $z=0$ 的分界面另一侧电介质中电场强度的分布。

解：由题意知，两种物质分界面的法向单位矢量为 $\boldsymbol{e}_z$，设电介质中的电场强度为

$$\boldsymbol{E}_2 = E_{2x}\boldsymbol{e}_x + E_{2y}\boldsymbol{e}_y + E_{2z}\boldsymbol{e}_z$$

根据边界衔接条件有

$$E_{2x} = E_{1x} = 15$$
$$E_{2y} = E_{1y} = 20$$
$$40\varepsilon_0 E_{2z} = \varepsilon_0 E_{1z} = 40\varepsilon_0$$

所以

$$\boldsymbol{E}_2 = 15\boldsymbol{e}_x + 20\boldsymbol{e}_y + \boldsymbol{e}_z$$

例 2-9 一半径为 10 cm 的球形导体上有 100 μC/m^2 的均匀电荷分布，将导体置于介电常数 $\varepsilon = 5\varepsilon_0$ 的无穷大介质中。求导体和介质分界面上介质一侧的电场强度和电位移，介质表面极化电荷的密度。

解：根据题意，导体和介质分界面法向的单位矢量为 $\boldsymbol{e}_r$，由式(2-51)得到介质中电位移的法向分量

$$D_n = 1\times 10^{-4}\,(\mathrm{C/m^2})$$

根据导体与介质分界面的衔接条件，电位移的切向分量为零，所以分界面介质一侧电位移和电场强度分别为

$$\boldsymbol{D} = 1\times 10^{-4}\boldsymbol{e}_r\,(\mathrm{C/m^2}),\quad \boldsymbol{E} = \frac{\boldsymbol{D}}{\varepsilon} = \frac{1\times 10^{-4}}{5\varepsilon_0}\boldsymbol{e}_r = 2.26\times 10^{6}\boldsymbol{e}_r\,(\mathrm{V/m})$$

分界面上介质一侧的极化强度为

$$\boldsymbol{P} = \boldsymbol{D} - \varepsilon_0\boldsymbol{E} = 8\times 10^{-5}\boldsymbol{e}_r$$

介质一侧极化电荷的面密度为

$$\sigma_{\mathrm{p}} = \boldsymbol{P}\cdot\boldsymbol{e}_r = 8\times 10^{-5}\boldsymbol{e}_r\cdot\boldsymbol{e}_r = 8\times 10^{-5}\,(\mathrm{C/m^2})$$

2.7 静电场的边值问题

静电场所涉及的问题大致可以分为两类：一类是已知电荷的分布求电场的分布，称为正向问题；另一类是已知电场的分布求解电荷的分布，称为反向问题。对于正向问题，可以采用前面介绍的叠加积分和高斯定理来解决；对于反向问题，可以通过求电位移的散度来解决。本节尝试用另一种方法来求解已知电荷分布下电场的分布，即静电场的边值问题。

2.7.1 电位满足的方程

利用高斯定理的微分形式

$$\nabla\cdot\boldsymbol{D} = \rho_{\mathrm{f}}$$

在各向同性线性介质中，由于

$$\boldsymbol{D} = \varepsilon\boldsymbol{E}$$

因此

$$\nabla\cdot(\varepsilon\boldsymbol{E}) = \rho_{\mathrm{f}}$$

利用矢量恒等式$\nabla\cdot(f\boldsymbol{A}) = \nabla f\cdot\boldsymbol{A} + f\nabla\cdot\boldsymbol{A}$，上式可以改写为

$$\nabla\cdot(\varepsilon\boldsymbol{E}) = \boldsymbol{E}\cdot\nabla\varepsilon + \varepsilon\nabla\cdot\boldsymbol{E} = \rho_{\mathrm{f}}$$

当介质均匀，即$\nabla\varepsilon = 0$时，上式成为

$$\varepsilon\nabla\cdot\boldsymbol{E} = \rho_{\mathrm{f}}$$

根据电场强度和电位函数的关系$\boldsymbol{E} = -\nabla\varphi$，得到

$$-\varepsilon\nabla\cdot\nabla\varphi = \rho_{\mathrm{f}}$$

即

$$\nabla^2\varphi = -\frac{\rho_{\mathrm{f}}}{\varepsilon} \tag{2-57}$$

式(2-57)称为电位的泊松方程。在无自由电荷分布($\rho_{\mathrm{f}} = 0$)的区域，式(2-57)成为

$$\nabla^2\varphi = 0 \tag{2-58}$$

式(2-58)称为电位的拉普拉斯方程。泊松方程和拉普拉斯方程反映电场中各点电位的

空间变化与自由电荷分布的关系，是电位应满足的微分方程。

2.7.2 边界条件

泊松方程或拉普拉斯方程的通解中存在一些待定系数，通常根据边界条件来确定通解中的待定系数。于是静电场的求解问题成为给定边界条件下电位函数的定解问题，称为静电场的边值问题。

静电场的边界条件可以分为三种类型。第一类，给定场域边界上位函数的值，又称为狄利克莱条件；第二类，给定场域边界上位函数的法向导数值，又称诺依曼边界条件；第三类，部分场域边界上给定位函数的值，部分场域边界上给定位函数的法向导数值称为混合边界条件。此外，位函数还满足自然边界条件。与三种边界条件相对应，有三类静电场的边值问题。

当所考察区域存在不同的电介质时，须划分出几个子区域分别求解，此时还必须利用不同介质分界面上的衔接条件。

一般来讲，静电场问题都可归结为微分方程的定解问题。但是，除若干简单情况外，求解十分复杂，往往只能采用间接或近似方法。本书只讨论可以用直接积分法求解的简单问题。不论采取何种方法，只要所求得的解满足泊松方程或拉普拉斯方程和给定的边界条件，所得到的解就是静电场的唯一解，这就是静电场解的唯一性定理。下面举例说明静电场边值问题的求解过程。

例 2-10 如图 2.15 所示，平行板电容器中电荷的体密度为 ρ，电容器两极板的电压为 U，忽略边缘效应。求电容器中电位和电场强度的分布。

解：无限大平行板电容器中电位和电场强度只是 x 的函数。电位所满足的微分方程为

$$\frac{\mathrm{d}^2\varphi}{\mathrm{d}x^2}=-\frac{\rho}{\varepsilon_0}$$

其通解为

$$\varphi=-\frac{\rho}{2\varepsilon_0}x^2+Ax+B$$

将边界条件

$$\begin{cases}\varphi(0)=0\\ \varphi(d)=U\end{cases}$$

代入通解，得到

$$\begin{cases}A=\dfrac{U}{d}+\dfrac{\rho d}{2\varepsilon_0}\\ B=0\end{cases}$$

因此

$$\varphi=-\frac{\rho}{2\varepsilon_0}x^2+\left(\frac{U}{d}+\frac{\rho d}{2\varepsilon_0}\right)x$$

$$\boldsymbol{E}=-\nabla\varphi=\boldsymbol{e}_x\left(\frac{\rho}{\varepsilon_0}x-\frac{U}{d}-\frac{\rho d}{2\varepsilon_0}\right)$$

例 2-11 一半径为 a 的均匀带电圆柱体单位长度的电量为 Q,此带电体轴线延伸到无限远处(见图 2.16)。求柱内外的电势分布和电场分布。

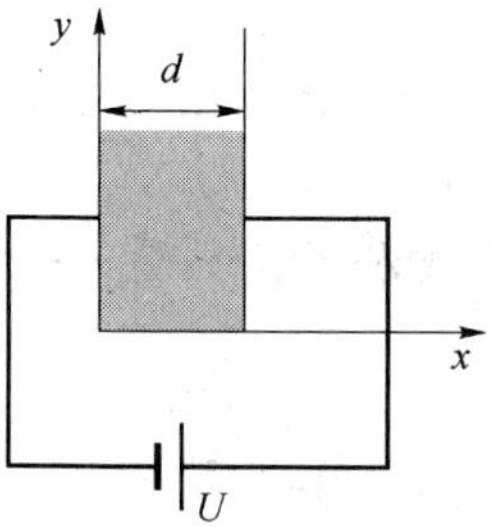

图 2.15 平行板电容器的电位和电场强度

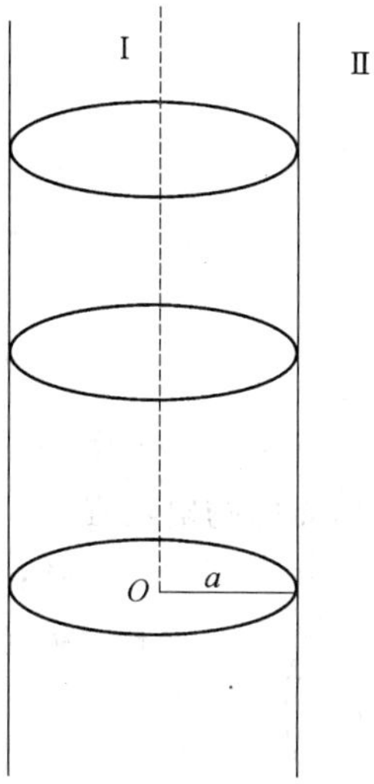

图 2.16 均匀带电圆柱体柱内外的电势和电场

解:由于电荷呈轴对称分布,所以电位和电场强度仅是 ρ 的函数。根据电荷分布的特点,将整个空间划分为两个区域,在这两个区域中电位满足的微分方程分别为

$$\nabla^2\varphi_1=\frac{1}{\rho}\frac{\mathrm{d}}{\mathrm{d}\rho}\left(\rho\frac{\mathrm{d}\varphi_1}{\mathrm{d}\rho}\right)=-\frac{Q}{\pi\varepsilon_0 a^2}\text{(在 }\rho<a\text{ 的 I 区域)}$$

和

$$\nabla^2\varphi_2=\frac{1}{\rho}\frac{\mathrm{d}}{\mathrm{d}\rho}\left(\rho\frac{\mathrm{d}\varphi_2}{\mathrm{d}\rho}\right)=0\text{(在 }\rho>a\text{ 的 II 区域)}$$

两个微分方程的通解为

$$\varphi_1=-\frac{Q\rho^2}{4\pi\varepsilon_0 a^2}+A_1\ln\rho+B_1$$

$$\varphi_2=A_2\ln\rho+B_2$$

根据边界条件:

(1) 当 $\rho\to0$ 时,电位应为有限值,得到 $A_1=0$;

(2) 选择 $\rho=0$ 为电位的参考点,即 $\varphi_1(0)=0$,得到 $B_1=0$;

(3) 在 $\rho=a$ 的分界面上,应当有

$$\begin{cases}\varphi_1(a)=\varphi_2(a)\\ \varphi'_1(a)=\varphi'_2(a)\end{cases}$$

即

$$\begin{cases}-\dfrac{Qa^2}{4\pi\varepsilon_0 a^2}=A_2\ln a+B_2\\ -\dfrac{Qa}{2\pi\varepsilon_0 a^2}=\dfrac{A_2}{a}\end{cases}$$

得到

$$A_2=-\frac{Q}{2\pi\varepsilon_0},B_2=-\frac{Q}{4\pi\varepsilon_0}+\frac{Q}{2\pi\varepsilon_0}\ln a$$

因此

$$\varphi_1=-\frac{Q\rho^2}{4\pi\varepsilon_0 a^2}$$

$$\varphi_2=-\frac{Q}{2\pi\varepsilon_0}\ln\rho-\frac{Q}{4\pi\varepsilon_0}+\frac{Q}{2\pi\varepsilon_0}\ln a$$

$$\boldsymbol{E}_1=-\nabla\varphi_1=\frac{Q\rho}{2\pi\varepsilon_0 a^2}\boldsymbol{e}_\rho$$

$$\boldsymbol{E}_2=-\nabla\varphi_2=\frac{Q}{2\pi\varepsilon_0\rho}\boldsymbol{e}_\rho$$

例 2-12 如图 2.17 所示，一同心导体球壳内导体上均匀分布电荷总量为 Q，外导体球壳接地。求球壳内的电场强度和电位分布。

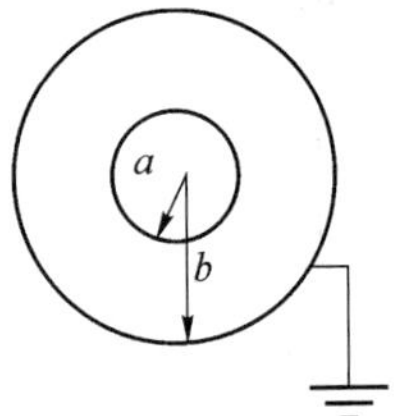

图 2.17 同心导体球壳内的电场强度和电位

解：根据对称原理，电场强度和电位只是 r 的函数，球壳内电位满足的微分方程为

$$\nabla^2\varphi=\frac{1}{r^2}\frac{\mathrm{d}}{\mathrm{d}r}\left(r^2\frac{\mathrm{d}\varphi}{\mathrm{d}r}\right)=0$$

其通解为

$$\varphi=-\frac{A}{r}+B$$

根据边界条件

$$\begin{cases}\varphi(b)=0\\ \varepsilon_0\varphi'(r)=-\dfrac{Q}{4\pi a^2}\end{cases}$$

得到

$$A=\frac{Q}{4\pi\varepsilon_0 a^2\ln a},B=\frac{Q}{4\pi\varepsilon_0 a^2 b\ln a}$$

所以

$$\varphi=-\frac{Q}{4\pi\varepsilon_0 a^2 r\ln a}+\frac{Q}{4\pi\varepsilon_0 a^2 b\ln a}$$

2.8 镜像法

根据静电场解的唯一性定理，在某些特殊的情况下，可以采用镜像法来解决静电场问题。镜像法的实质是，将不均匀介质看作均匀介质，用待求区域外简单的虚拟电荷分布来代替复杂的电荷分布，当虚拟电荷与真实电荷共同激发的电场满足边界条件时，所求得的结果即为静电场的解。此过程类似于反推，首先因虚拟电荷分布在待求区域以外，所以不影响待求区域电位满足的微分方程；其次根据边界条件来确定虚拟电荷的位置和电量。虚拟电荷一旦确定，待求区域场的分布可以迎刃而解。下面分几种情况来介绍用镜像法

求解静电场问题。

2.8.1 点电荷与无限大的导体平面

如图 2.18 所示，点电荷 q 所在的上半空间为真空，下半空间为无限大的导体。求自由空间中电场强度的分布。

分析：此问题中上半空间的电场是由点电荷 q 和导体表面的感应电荷共同引起的，欲确定上半空间的电场分布，必须首先计算感应电荷的分布，而感应电荷的分布又同电场有关，似乎无从解决。但是，采用镜像法可以解决此问题。

首先分析上半空间静电场的边值问题，在上半空间：

(1) 除点电荷 q 所在的位置外，电位应当满足 $\nabla^2\varphi=0$；

(2) 在导体平面及无限远处，$\varphi=0$。

假定整个空间全部为真空，在与点电荷 $q(0,0,d)$ 对称的位置 $(0,0,-d)$ 处，有一个点电荷 q'，如图 2.19 所示，则两个点电荷在上半空间任意一点 $P(x,y,z)$ 产生的电位为

$$\varphi=\frac{q}{4\pi\varepsilon_0 r}+\frac{q'}{4\pi\varepsilon_0 r'}$$

其中

$$r=\sqrt{x^2+y^2+(z-d)^2}$$

$$r'=\sqrt{x^2+y^2+(z+d)^2}$$

由于 q 处在下半空间，所以不影响上半空间电位的微分方程；同时，由电位的表达式可知，当 P 处在无限远处时电位为零，当 P 处在 $z=0$ 的平面上，有

$$\varphi=\frac{q}{4\pi\varepsilon_0\sqrt{x^2+y^2+d^2}}+\frac{q'}{4\pi\varepsilon_0\sqrt{x^2+y^2+d^2}}$$

当 $q'=-q$ 时，上式为零，由此便确定虚拟电荷的电量和位置。因此，欲计算上半空间任意点的电位，可以利用

$$\varphi=\frac{q}{4\pi\varepsilon_0\sqrt{x^2+y^2+(z-d)^2}}-\frac{q}{4\pi\varepsilon_0\sqrt{x^2+y^2+(z+d)^2}}$$

上半空间任意点的电场强度为

$$\begin{aligned}\boldsymbol{E}&=-\nabla\varphi\\&=-\frac{1}{4\pi\varepsilon_0}\left[\left(\frac{x}{r'^3}-\frac{x}{r^3}\right)\boldsymbol{e}_x+\left(\frac{y}{r'^3}-\frac{y}{r^3}\right)\boldsymbol{e}_y+\left(\frac{z+d}{r'^3}-\frac{z-d}{r^3}\right)\boldsymbol{e}_z\right]\end{aligned}$$

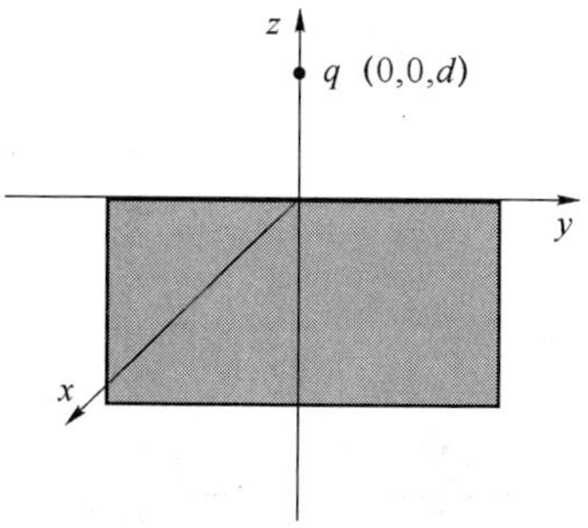

图 2.18 点电荷与无限大的导体平面

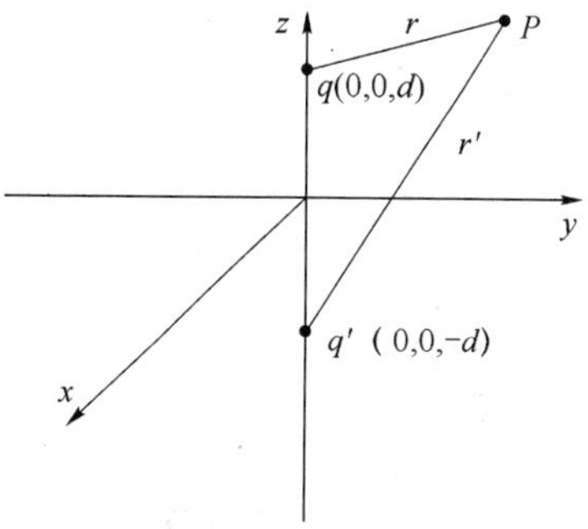

图 2.19 两个点电荷在上半空间产生的电位分布

2.8.2 点电荷与接地导体球面

如图 2.20 所示，设自由空间中点电荷 q 位于半径为 a 的接地导体球面外。求空间电位的分布。

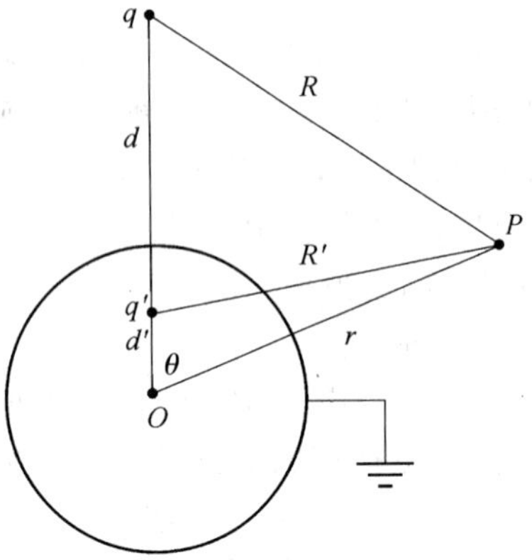

图 2.20 点电荷与接地导体球面

根据唯一性定理，空间中电位的分布应满足

(1) 除 q 所在位置外，空间中 $\nabla^2\varphi=0$；

(2) 当 $r\to\infty$ 时，$\varphi=0$；

(3) 球面上 $\varphi=0$。

假定点电荷 q' 位于 q 和球心连线的 d' 处，其电量和 d' 的具体数值待定。将整个空间看作自由空间，则两个点电荷在自由空间 P 点产生的电位为

$$\varphi=\frac{q}{4\pi\varepsilon_0 R}+\frac{q'}{4\pi\varepsilon_0 R'}$$
$$=\frac{1}{4\pi\varepsilon_0}\left[\frac{q}{\sqrt{r^2+d^2-2rd\cos\theta}}+\frac{q'}{\sqrt{r^2+d'^2-2rd'\cos\theta}}\right]$$

由于上式自然满足 $r\to\infty$ 时，$\varphi=0$。由 $r=a$，$\varphi=0$ 得到

$$\left[\frac{q}{\sqrt{a^2+d^2-2ad\cos\theta}}+\frac{q'}{\sqrt{a^2+d'^2-2ad'\cos\theta}}\right]=0$$

上式可改写为

$$q'^2(a^2+d^2-2ad\cos\theta)=q^2(a^2+d'^2-2ad'\cos\theta)$$

比较 θ 相应项的系数得

$$\begin{cases}q'^2(a^2+d^2)=q^2(a^2+d'^2)\\ q'^2d=q^2d'\end{cases}$$

解得

$$d'=a^2/d,q'=-aq/d$$

于是，球外任意一点的电位为

$$\varphi=\frac{q}{4\pi\varepsilon_0}\left[\frac{1}{\sqrt{r^2+d^2-2rd\cos\theta}}-\frac{a/d}{\sqrt{r^2+\left(\frac{a^2}{d}\right)^2-2r\left(\frac{a^2}{d}\right)\cos\theta}}\right]$$

2.8.3 点电荷与无限大的介质平面

设点电荷位于两种分界面为无限大的平面介质中，也可以采用镜像法求解介质中的电场分布。如图 2.21 所示，空间充满两种介电常数分别为 ε_1 和 ε_2 的介质，$z=0$ 为两种介质的分界面，点电荷 q 位于介质 1 距分界面距离为 d 处。求两种介质中电场的分布。

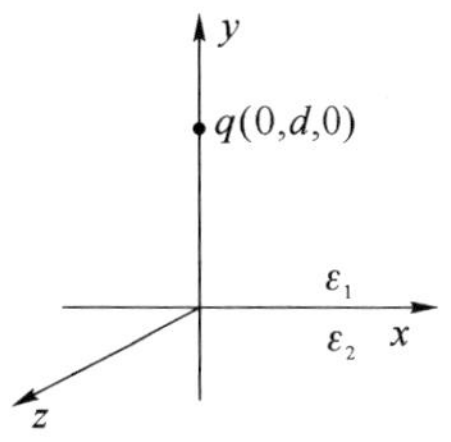

图 2.21　点电荷与两种介质

欲计算介质 1 中的电场，假定整个空间中只有介电常数为 ε_1 的介质，设想有点电荷 q' 位于$(0,-d,0)$处，如图 2.22 所示，则两个点电荷在 $y>0$ 的区域 1 内任意一点产生的电位为

$$\varphi_1=\frac{q}{4\pi\varepsilon_1 R}+\frac{q'}{4\pi\varepsilon_1 R'}$$

区域 1 内任意一点处的电位移为

$$\boldsymbol{D}_1=\frac{q}{4\pi R^2}\boldsymbol{e}_R+\frac{q'}{4\pi R'^2}\boldsymbol{e}_{R'}$$

欲计算介质 2 中的电场，假定整个空间只有介电常数为 ε_2 的介质，设想点电荷 q''位于$(0,d,0)$处，如图 2.23 所示，则点电荷 q 与 q''在 $y<0$ 的区域 2 内产生的电位为

$$\varphi_2=\frac{q+q''}{4\pi\varepsilon_2 R''}$$

区域 2 内任意一点处的电位移为

$$\boldsymbol{D}_2=\frac{(q+q'')}{4\pi R''^2}\boldsymbol{e}_{R''}$$

在两种介质的分界面 $y=0$ 的平面上有

$$R=R'=R''$$

根据边界衔接条件，在 $y=0$ 的平面上应当有

$$\varphi_1=\varphi_2,D_{1n}=D_{2n}$$

因此

$$\begin{cases}\dfrac{q+q'}{\varepsilon_1}=\dfrac{q+q''}{\varepsilon_2}\\[2mm]\dfrac{q}{4\pi R^2}-\dfrac{q'}{4\pi R'^2}=\dfrac{(q+q'')}{4\pi R''^2}\end{cases}$$

由上式得到

$$q'=-q''=q\left(\frac{\varepsilon_1-\varepsilon_2}{\varepsilon_1+\varepsilon_2}\right)$$

即可以用

$$\varphi_1=\frac{q}{4\pi\varepsilon_1 R}+\frac{q}{4\pi\varepsilon_1 R'}\left(\frac{\varepsilon_1-\varepsilon_2}{\varepsilon_1+\varepsilon_2}\right)$$

$$\varphi_2=\frac{2\varepsilon_2}{4\pi\varepsilon_2 R''}q$$

分别计算区域 1 和区域 2 内的电位。式中

$$R=R''=\sqrt{x^2+(y-d)^2+z^2}$$

$$R'=\sqrt{x^2+(y+d)^2+z^2}$$

因为 q' 位于区域 2 内，所以它不影响区域 1 内电位的微分方程（除 q 所在位置外，$\nabla^2\varphi_1=0$）；q'' 位于区域 1 内，所以它不影响区域 1 内电位的微分方程（$\nabla^2\varphi_2=0$）。另外，当 $R,R',R''\to\infty$ 时，$\varphi_1,\varphi_2\to 0$ 满足自然边界条件。

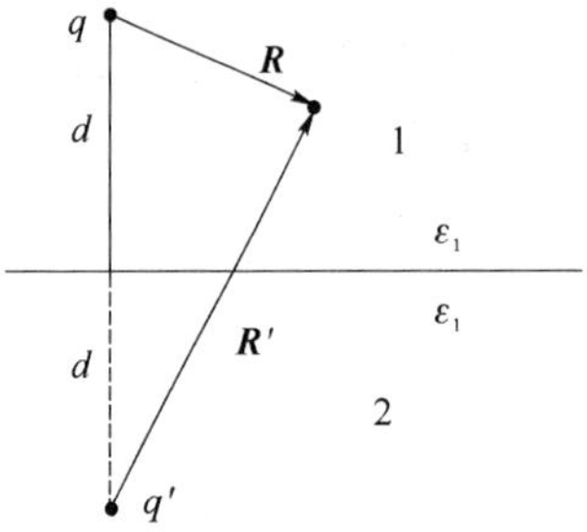

图 2.22　介质 1 中的电场

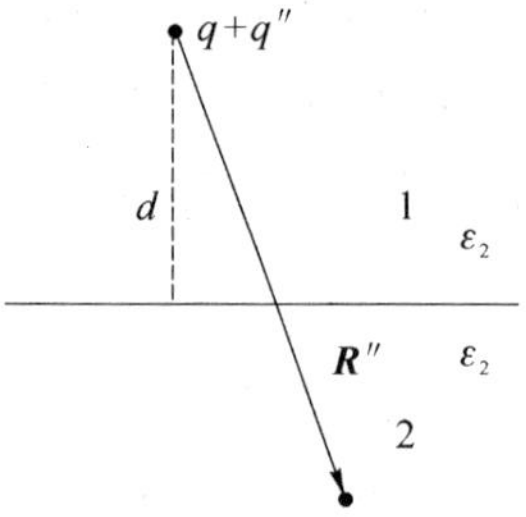

图 2.23　介质 2 中的电场

由前面的讨论可知，所假定的虚拟电荷常出现在真实电荷的镜像位置，所以称这种方法为镜像法。

三点说明：

(1) 镜像电荷为虚拟电荷，通常用它来代替复杂的电荷分布。

(2) 镜像电荷不能影响原区域内电位所满足的微分方程；镜像电荷不能出现在待求区域。例如，上例欲求区域 1 内的场，只能用 q' 和真实电荷 q 进行叠加；欲计算区域 2 内的场，只能用 q'' 和真实电荷 q 进行叠加。

(3) 镜像电荷和真实电荷产生的场必须满足边界条件。

2.9　直角坐标系中的分量变量法

静电场问题都可以转化为求解满足泊松方程和拉普拉斯方程和边界条件的边值问题。前面所讲述的边值问题都是一维问题，即电位只是一个坐标分量的函数，一维问题可以通过直接积分来求解。实际工作中所遇到的往往是二维或三维问题，这些问题不可能用直接积分法来求解，但在某些特殊情况下可以采用分量变量法来解决。

分量变量法的实质是，将一个偏微分方程变成两个或多个常微分方程，分别求解这些常微分方程，将所得的常微分方程的解进行组合，最后根据边界条件确定待定系数和分量变量过程中产生的常数。

本节只讨论直角坐标系中的分量变量法，并以二维问题为例，讲述分量变量法的求解过程。

在直角坐标系中，电位所满足的拉普拉斯方程为

$$\frac{\partial^2\varphi}{\partial x^2}+\frac{\partial^2\varphi}{\partial y^2}+\frac{\partial^2\varphi}{\partial z^2}=0 \tag{2-59}$$

假定电位具有下列形式的解：

$$\varphi(x,y,z)=X(x)Y(y)Z(z) \tag{2-60}$$

式中，$X(x)$，$Y(y)$，$Z(z)$分别仅是变量 x，y，z 的函数。将式(2-60)代入式(2-59)，两边再除以 $X(x)Y(y)Z(z)$，得到

$$\frac{1}{X(x)}\frac{\mathrm{d}^2 X}{\mathrm{d}x^2}+\frac{1}{Y(y)}\frac{\mathrm{d}^2 Y}{\mathrm{d}y^2}+\frac{1}{Z(z)}\frac{\mathrm{d}^2 Z}{\mathrm{d}z^2}=0 \tag{2-61}$$

式(2-61)中的三项分别是一个坐标变量的函数，只有当三项等于某一常数时，式(2-61)方能成立。设这三个常数分别为$-k_x^2$，$-k_y^2$，$-k_z^2$，称为分量常数，它们既可以是实数，也可以是虚数，但三者显然满足

$$k_x^2+k_y^2+k_z^2=0 \tag{2-62}$$

于是，求偏微分方程的解转化为求解常微分方程组：

$$\left.\begin{aligned}&\frac{\mathrm{d}^2 X}{\mathrm{d}x^2}+k_x^2 X(x)=0\\&\frac{\mathrm{d}^2 Y}{\mathrm{d}y^2}+k_y^2 Y(y)=0\\&\frac{\mathrm{d}^2 Z}{\mathrm{d}z^2}+k_z^2 Z(z)=0\end{aligned}\right\} \tag{2-63}$$

式(2-63)中的每一个常微分方程都具有相同的形式，以第一个方程为例，根据高等数学的知识，它的通解具有以下形式：

当 $k_x=0$ 时

$$X(x)=Ax+B \tag{2-64}$$

当 $k_x\neq 0$ 时

$$X(x)=C\cos k_x x+D\cos k_x x \tag{2-65}$$

或

$$X(x)=E\sinh k_x x+F\cosh k_x x \tag{2-66}$$

式中，A,B,C,D,E,F 为待定系数。采用式(2-65)或式(2-66)取决于具体的边界条件。由于拉普拉斯方程是线性方程，所以分离常数取所有可能值的线性组合也是它的解。下面以二维问题为例，说明分量变量法的求解过程。

例 2-13 一长直正方形截面的接地金属槽如图 2.24 所示，边长为 a，槽内无电荷分布，槽的顶壁绝缘，顶盖的电位为 $U_0\sin\left(\frac{\pi x}{a}\right)$。求槽内电位分布。

解：求解过程如下。

第一步：写出边值问题。电位满足的边值问题为

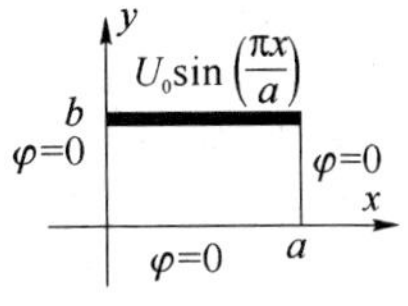

图 2.24 长直正方形截面的接地金属槽

$$\begin{cases}\dfrac{\partial^2\varphi}{\partial x^2}+\dfrac{\partial^2\varphi}{\partial y^2}=0\\ \varphi(0,y)=0,0<y<a\\ \varphi(x,0)=0,0<x<a\\ \varphi(a,y)=0,0<y<a\\ \varphi(x,a)=U_0\sin\left(\dfrac{\pi x}{a}\right),0<x<a\end{cases}$$

第二步：求方程的通解。根据分离变量法，设电位具有以下形式的解：

$$\varphi(x,y)=X(x)Y(y)$$

设分量常数分别为$-k_x^2$，$-k_y^2$，则$k_x^2=-k_y^2=k_n^2$（n为正整数）。

当$k_n=0$时，$X(x)$，$Y(y)$的通解分别为

$$\begin{cases}X(x)=A_0x+B_0\\Y(y)=C_0x+D_0\end{cases}$$

当$k_n\neq0$时，根据$\varphi(0,y)=0$和$\varphi(a,y)=0$，取$X(x)$，$Y(y)$的通解为

$$\begin{cases}X(x)=A_n\sin(k_nx)+B_n\cos(k_nx)\\Y(y)=C_n\sinh(k_ny)+D_n\cosh(k_ny)\end{cases}$$

所以，偏微分方程的通解为

$$\begin{aligned}\varphi(x,y)&=(A_0x+B_0)(C_0y+D_0)\\&\quad+\sum_{n=1}^{\infty}[A_n\cos(k_nx)+B_n\sin(k_nx)][C_n\sinh(k_ny)+D_n\cosh(k_ny)]\end{aligned}\tag{2-67}$$

第三步：根据边界条件确定分量常数和待定系数。

(1) 由$\varphi(0,y)=0$，$0<y<a$，式(2-67)成为

$$B_0(C_0y+D_0)+\sum_{n=1}^{\infty}A_n[C_n\sinh(k_ny)+D_n\cosh(k_ny)]=0\tag{2-68}$$

欲使上式成立，则必须有

$$B_0=0, A_n=0$$

于是通解变为

$$A_0x(C_0y+D_0)+\sum_{n=1}^{\infty}B_n\sin(k_nx)[C_n\sinh(k_ny)+D_n\cosh(k_ny)]=0\tag{2-69}$$

(2) 由$\varphi(a,y)=0$，$0<y<a$，式(2-69)成为

$$A_0a(C_0y+D_0)+\sum_{n=1}^{\infty}B_n\sin(k_nx)[C_n\sinh(k_ny)+D_n\cosh(k_ny)]=0\tag{2-70}$$

欲使式(2-70)成立，则必须有

$$A_0=0, \sin(k_na)=0$$

即

$$k_n=\frac{n\pi}{a}, (n=1,2,\cdots)$$

于是通解变为

$$\varphi(x,y)=\sum_{n=1}^{\infty}B_n\sin\left(\frac{n\pi}{a}x\right)\left[C_n\sinh\left(\frac{n\pi}{a}y\right)+D_n\cos\left(\frac{n\pi}{a}y\right)\right]\tag{2-71}$$

(3) 当$\varphi(x,0)=0$，$0<x<a$，式(2-71)成为

$$\sum_{n=1}^{\infty}B_nD_n\sin\left(\frac{n\pi}{a}x\right)=0\tag{2-72}$$

欲使式(2-71)成立，则必须有

$$D_n=0$$

于是通解变为

$$\varphi(x,y)=\sum_{n=1}^{\infty}B_nC_n\sin\left(\frac{n\pi}{a}x\right)\sinh\left(\frac{n\pi}{a}y\right) \tag{2-73}$$

(4) 当 $\varphi(x,a)=U_0\sin\left(\frac{\pi x}{a}\right), 0<x<a$ 时，式(2-73)等于

$$\sum_{n=1}^{\infty}B_nC_n\sin\left(\frac{n\pi}{a}x\right)\sinh(n\pi)=U_0\sin\left(\frac{\pi x}{a}\right) \tag{2-74}$$

式(2-74)两边同乘以 $\sin\frac{m\pi x}{a}$（m 为正整数），然后进行积分后，得到

$$\sum_{n=1}^{\infty}B_nC_n\sin(n\pi)\int_0^a\sin\left(\frac{n\pi}{a}x\right)\sin\left(\frac{m\pi}{a}x\right)\mathrm{d}x=U_0\int_0^a\sin\left(\frac{m\pi}{a}x\right)\sin\left(\frac{n\pi}{a}x\right)\mathrm{d}x$$

利用积分

$$\int_0^a\sin\left(\frac{m\pi}{a}x\right)\sin\left(\frac{n\pi}{a}x\right)\mathrm{d}x=\begin{cases}0, & m\neq n\\ \frac{a}{2}, & m=n\end{cases}$$

得到

$$B_1C_1=\frac{U_0}{\cosh\pi},\quad B_nC_n=0, n=2,3,\cdots$$

所以方程的解为

$$\varphi(x,y)=\frac{U_0}{\cosh\pi}\sin\left(\frac{\pi}{a}x\right)\cosh\left(\frac{\pi}{a}y\right)$$

2.10 静电场的能量

电荷在电场中受到电场力的作用，在电场中移动电荷时须克服电场力做功，克服电场力所做的功转化为位能和电荷的动能。在静态条件下，系统能量完全以位能的形式存在。对于由若干个电荷组成的电荷系，由于电荷之间存在力的相互作用，也就有能量储存在电荷系中。这种静态条件下由电荷之间的相互作用引起的位能称为静电能量。本节从克服电场力做功的角度出发研究静电场的储能问题。

2.10.1 静电场的储能

设将两个点电荷 q_1、q_2 从无穷远分别缓慢移动到指定区域的 A、B 两点，如图 2.25 所示，A、B 两点的间距为 r_{12}。首先将 q_1 移动到 A 点，因为电荷没有受到力的作用，所以此过程中克服电场力做功为零，即 $W_1=0$；由于 q_1 出现，便在区域中产生电场的分布，将电荷 q_2 从无穷远处移动到 B 点时须克服静电场力做功，做功的量值为

$$W_2=\frac{q_1q_2}{4\pi\varepsilon r_{12}}$$

所以，将两个点电荷从无穷远处移动到指定位置须克服电场力做功，即电场能量增加为

$$W=W_1+W_2=\frac{q_1q_2}{4\pi\varepsilon r_{12}} \tag{2-75}$$

改变过程，即首先将 q_2 移动 B 点，再 q_1 将移动到 A 点，克服电场力做功为

$$W' = \frac{q_1 q_2}{4\pi\varepsilon r_{12}} \tag{2-76}$$

式(2-75)～式(2-76)说明，改变顺序后须克服静电场力做功，大小相等。因此，两个点电荷组成的电荷系所具有的静电场的能量可以写为

$$W = (q_1\varphi_{21} + q_2\varphi_{12})/2 \tag{2-77}$$

其中，$\varphi_{12} = \dfrac{q_1}{4\pi\varepsilon r_{12}}$为 q_1 在 B 点产生的电位，$\varphi_{21} = \dfrac{q_2}{4\pi\varepsilon r_{21}}$为 q_2 在 A 点产生的电位。

下面考虑将三个点电荷 $q_1 \rightarrow q_2 \rightarrow q_3$ 分别从无穷远处移动到指定区域的 A、B、C 三点的情况，如图 2.26 所示，此过程须克服电场力所做的功为

$$W = W_1 + W_2 + W_3 = 0 + \frac{q_1 q_2}{4\pi\varepsilon r_{12}} + \left(\frac{q_1 q_3}{4\pi\varepsilon r_{13}} + \frac{q_2 q_3}{4\pi\varepsilon r_{23}}\right) \tag{2-78}$$

式(2-78)可以写为

$$W = q_1\varphi_{12} + q_1\varphi_{13} + q_2\varphi_{23} \tag{2-79}$$

其中，$\varphi_{13} = \dfrac{q_1}{4\pi\varepsilon r_{13}}$为 q_1 在 C 点产生的电位，$\varphi_{23} = \dfrac{q_2}{4\pi\varepsilon r_{23}}$为 q_2 在 C 点产生的电位。如果按 $q_2 \rightarrow q_1 \rightarrow q_3$ 的顺序将三个点电荷移动到指定的 B、C、A 三点时，须做功

$$W' = W'_1 + W'_2 + W'_3 = 0 + \frac{q_2 q_1}{4\pi\varepsilon r_{21}} + \left(\frac{q_1 q_3}{4\pi\varepsilon r_{13}} + \frac{q_2 q_3}{4\pi\varepsilon r_{23}}\right) \tag{2-80}$$

式(2-80)可写为

$$W' = q_2\varphi_{21} + q_3\varphi_{13} + q_3\varphi_{23} \tag{2-81}$$

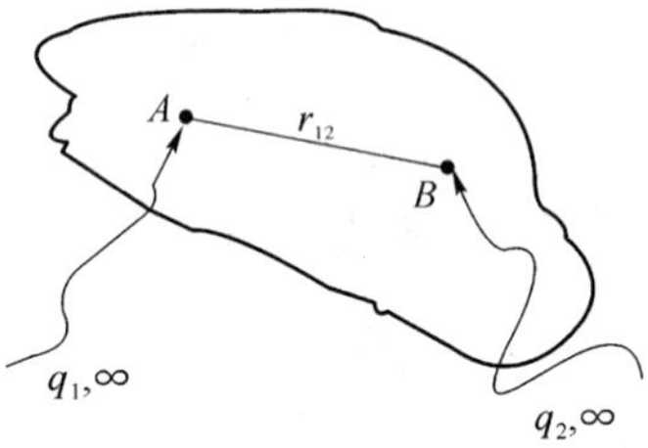

图 2.25　电荷 q_1、q_2 从无穷远分别移动到 A、B 两点

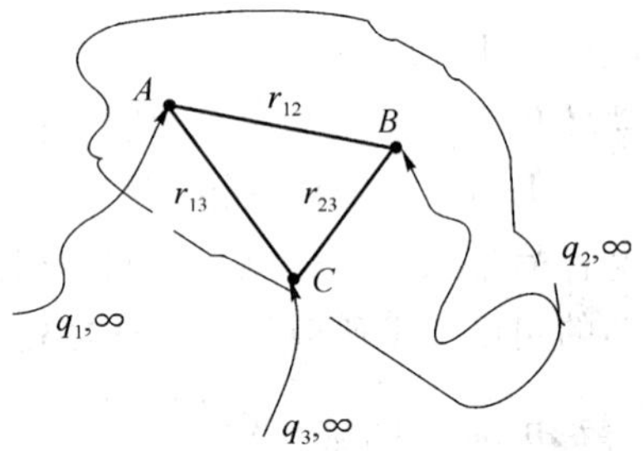

图 2.26　电荷 q_1、q_2、q_3从无穷远分别移动到 A、B、C 三点

由式(2-78)、式(2-80)可知，$W = W'$，即将三个点电荷移动到区域指定位置，与移动电荷的顺序无关。由式(2-79)和式(2-81)还可以将三个点电荷组成的电荷系储存的能量写为

$$W = \frac{1}{2}[q_1(\varphi_{21} + \varphi_{31}) + q_2(\varphi_{12} + \varphi_{32}) + q_3(\varphi_{12} + \varphi_{23})] = \frac{1}{2}\sum_{i=1}^{3} q_i\varphi_i \tag{2-82}$$

式中，$\varphi_i = \sum\limits_{\substack{j=1 \\ j\neq i}}^{3}\varphi_{ji}$ 为除自身外，其他两个点电荷在该电荷所在位置处产生的电位。

同理，可以得到由 n 个点电荷组成的电荷系所储存的电场能量为

$$W = \frac{1}{2}\sum_{i=1}^{n} q_i\varphi_i \tag{2-83}$$

其中

$$\varphi_i = \sum_{\substack{j=1\\ j\neq i}}^{n} \varphi_{ji} \tag{2-84}$$

为除第 i 个点电荷外，其他 $n-1$ 个点电荷在第 i 个点电荷所在位置处产生的电位。

对于电荷连续分布的带电体，可以取电荷元 $\rho\mathrm{d}V$，ρ 为电荷的体密度，将电荷元看作点电荷，此时可以得到连续分布的带电体，带电面所储存的电场能量为

$$W = \frac{1}{2}\int_V \rho\varphi\,\mathrm{d}V \tag{2-85}$$

2.10.2 静电场能量的分布

式(2-85)用来计算带电体在整个空间总的电场能量，不能描述电场能量的分布情况。下面讨论能量的分布情况。

根据电场强度和电位的关系，以及高斯定理的微分形式 $\boldsymbol{E}=-\nabla\varphi$，$\nabla\cdot\boldsymbol{D}=\rho$；式(2-85)可改写为

$$W = \frac{1}{2}\left(\oint_S \varphi\boldsymbol{D}\cdot\mathrm{d}\boldsymbol{S} + \int_V \boldsymbol{D}\cdot\boldsymbol{E}\mathrm{d}V\right) \tag{2-86}$$

上式推导过程中利用矢量恒等式 $\nabla\cdot(\varphi\boldsymbol{D})=\varphi\nabla\cdot\boldsymbol{D}+\boldsymbol{D}\cdot\nabla\varphi$。如果积分遍布无限大的空间，式(2-86)的第一项的积分为零，因此

$$W = \frac{1}{2}\int_V \boldsymbol{D}\cdot\boldsymbol{E}\mathrm{d}V \tag{2-87}$$

式(2-87)就是用 $\boldsymbol{D}$ 和 $\boldsymbol{E}$ 来表示的静电场能量的计算公式。定义静电场中任意一点的能量密度为

$$w=\frac{1}{2}\boldsymbol{D}\cdot\boldsymbol{E} \tag{2-88}$$

在各向同性的线性介质中，$\boldsymbol{D}=\varepsilon\boldsymbol{E}$，式(2-88)成为

$$w=\frac{1}{2}\varepsilon E^2 \tag{2-89}$$

例 2-14 在半径为 a，介电常数为 ε_0 的球体中，均匀分布电荷体密度为 ρ 的连续电荷。求带电体的静电能。

解法一：利用高斯定理，求得电场强度的分布为

$$\boldsymbol{E}=\begin{cases}\dfrac{\rho r}{3\varepsilon_0}\boldsymbol{e}_r, & r<a\\[2ex] \dfrac{\rho a^3}{3\varepsilon_0 r^2}\boldsymbol{e}_r, & r>a\end{cases}$$

利用式(2-87)得到

$$W=\frac{1}{2}\varepsilon_0\left(\int_0^a\frac{\rho^2r^2}{9\varepsilon_0^2}\cdot 4\pi r^2\mathrm{d}r+\int_a^\infty\frac{\rho^2a^6}{9\varepsilon_0^2r^4}\cdot 4\pi r^2\mathrm{d}r\right)$$

$$=\frac{4\pi}{15\varepsilon_0}\rho^2a^5$$

解法二：由边值问题，求得电位函数为

$$\varphi=\begin{cases}\dfrac{\rho a^3}{3\varepsilon_0 r}, & r>a\\ \dfrac{\rho}{2\varepsilon_0}\left(a^2-\dfrac{r^2}{3}\right), & r<a\end{cases}$$

利用式(2-85)得

$$W=\frac{1}{2}\int_V\varphi\rho\mathrm{d}V=\frac{1}{2}\times\frac{\rho^2}{2\varepsilon_0}\int_0^a\left(a^2-\frac{r^2}{3}\right)4\pi r^2\mathrm{d}r$$

$$=\frac{4\pi}{15\varepsilon_0}\rho^2a^5$$

两种求解方法所得结果相同。

小　结

1. 静电场的基础是库伦定律，静电场的基本场量是电场强度。真空中位于 $\boldsymbol{r}'$ 处(称为源点的位置矢量)的点电荷 q 在空间任意位置 $\boldsymbol{r}$ 处(称为场点的位置矢量)激发电场的电场强度为

$$\boldsymbol{E}=\frac{q}{4\pi\varepsilon_0|\boldsymbol{r}-\boldsymbol{r}'|^2}\boldsymbol{e}_R=\frac{q(\boldsymbol{r}-\boldsymbol{r}')}{4\pi\varepsilon_0|\boldsymbol{r}-\boldsymbol{r}'|^3}$$

连续分布的带电线 l 在空间某点激发的电场强度为

$$\boldsymbol{E}=\int_l\frac{\mathrm{d}q(\boldsymbol{r}-\boldsymbol{r}')}{4\pi\varepsilon_0|\boldsymbol{r}-\boldsymbol{r}'|^3}=\int_l\frac{\tau(\boldsymbol{r}')(\boldsymbol{r}-\boldsymbol{r}')}{4\pi\varepsilon_0|\boldsymbol{r}-\boldsymbol{r}'|^3}\mathrm{d}l(\boldsymbol{r}')$$

连续分布的带电曲面 S 在空间某点激发的电场强度为

$$\boldsymbol{E}=\int_S\frac{\mathrm{d}q(\boldsymbol{r}-\boldsymbol{r}')}{4\pi\varepsilon_0|\boldsymbol{r}-\boldsymbol{r}'|^3}=\int_S\frac{\sigma(\boldsymbol{r}')(\boldsymbol{r}-\boldsymbol{r}')}{4\pi\varepsilon_0|\boldsymbol{r}-\boldsymbol{r}'|^3}\mathrm{d}S(\boldsymbol{r}')$$

连续分布的带电体 V 在空间某点激发的电场强度为

$$\boldsymbol{E}=\int_V\frac{\mathrm{d}q(\boldsymbol{r}-\boldsymbol{r}')}{4\pi\varepsilon_0|\boldsymbol{r}-\boldsymbol{r}'|^3}=\int_V\frac{\rho(\boldsymbol{r}')(\boldsymbol{r}-\boldsymbol{r}')}{4\pi\varepsilon_0|\boldsymbol{r}-\boldsymbol{r}'|^3}\mathrm{d}V(\boldsymbol{r}')$$

2. 电介质对电场的影响可归结为极化后极化电荷所产生的影响，介质的极化强度表示为

$$\boldsymbol{P}=\lim_{\Delta V\to 0}\frac{\sum_i\boldsymbol{p}_i}{\Delta V}$$

极化电荷的面密度 σ_P 和极化电荷的体密度 ρ_P 与极化强度 $\boldsymbol{P}$ 的关系为

$$\sigma_P=\boldsymbol{P}\cdot\boldsymbol{e}_n,\quad \rho_P=-\nabla\cdot\boldsymbol{P}$$

3. 电通密度 $\boldsymbol{D}$ 与电场强度 $\boldsymbol{E}$ 之间的关系为

$$\boldsymbol{D}=\varepsilon_0\boldsymbol{E}+\boldsymbol{P}$$

在各向同性线性介质中，有

$$\boldsymbol{P}=\varepsilon_0\chi\boldsymbol{E}, \quad \boldsymbol{D}=\varepsilon\boldsymbol{E}$$

4. 静电场基本方程的积分和微分形式如下所述。

(1) 高斯定理：$\boldsymbol{D}$ 沿闭合曲面面积分的通量等于闭合曲面内自由电荷的电量：

$$\oint_S \boldsymbol{D}\cdot \mathrm{d}\boldsymbol{S}=Q_{\mathrm{f}}, \quad \nabla\cdot\boldsymbol{D}=\rho_{\mathrm{f}}$$

(2) 电场强度 $\boldsymbol{E}$ 沿闭合路径线积分的环流为零：

$$\oint_L \boldsymbol{E}\cdot \mathrm{d}\boldsymbol{l}=0, \quad \nabla\times\boldsymbol{E}=0$$

5. 静电场是无旋场，可用电位梯度将矢量问题转化为标量问题，$\boldsymbol{E}=-\nabla\varphi$。在均匀介质中，电位满足泊松方程：

$$\nabla^2\varphi=-\frac{\rho_{\mathrm{f}}}{\varepsilon}$$

在无自由电荷分布($\rho_{\mathrm{f}}=0$)的区域，上式可简化为电位的拉普拉斯方程：

$$\nabla^2\varphi=0$$

6. 在不同介质的分界面，所满足的衔接条件为

$$E_{1t}=E_{2t}, \quad D_{2n}-D_{1n}=\sigma_{\mathrm{S}}$$

用电位函数表示为

$$\varphi_1=\varphi_2, \quad \varepsilon_1\frac{\partial\varphi_1}{\partial n}-\varepsilon_2\frac{\partial\varphi_2}{\partial n}=\sigma_{\mathrm{S}}$$

7. 静态条件下由电荷之间的相互作用引起的位能称为静电能量。由 n 个点电荷组成的电荷系所储存的静电能量为

$$W_{\mathrm{e}}=\frac{1}{2}\sum_{i=1}^{n}q_i\varphi_i$$

用 $\boldsymbol{D}$ 和 $\boldsymbol{E}$ 来表示静电能量的计算公式为

$$W_{\mathrm{e}}=\frac{1}{2}\int_V \boldsymbol{D}\cdot\boldsymbol{E}\mathrm{d}V$$

定义静电场中任意一点的能量密度为

$$w_{\mathrm{e}}=\frac{1}{2}\boldsymbol{D}\cdot\boldsymbol{E}$$

习　题

2-1　已知半径 $r=a$ 的导体球面上分布面密度为 $\rho=\rho_{S0}\cos\theta$ 的电荷，式中的 ρ_{S0} 为常数。试计算球面上的总电荷量。

2-2　真空中点电荷 $q_1=-0.3\ \mu\mathrm{C}$ 位于点 $A(25, -30, 15)$；点电荷 $q_2=0.5\ \mu\mathrm{C}$ 位于 $B(-10, 8, 12)$。试求：(1) 坐标原点处的电场强度；(2) 点 $P(15, 20, 50)$处的电场强度。

2-3　三根长度均为 l、电荷均匀分布、线密度分布为 ρ_{l1}、ρ_{l2}、ρ_{l3} 的线电荷构成等边三

角形，设 $\rho_{l1}=2\rho_{l2}=2\rho_{l3}$，计算三角形中心处的电场。$\left(\text{答案}:\boldsymbol{E}=\dfrac{3\rho_{l1}}{4\pi\varepsilon_0 l}\boldsymbol{a}_y\right)$

2-4　半径为 a 的半圆环上均匀分布电荷密度为 ρ_l。试求其中心轴线上 $z=a$ 处的电场强度 $E(0,0,a)$。

2-5　无限长电荷通过 $A(6,8,0)$ 且平行于 z 轴，线电荷密度为 ρ_l。试求点 $P(x, y, 0)$ 处的电场强度。

2-6　半径分别为 a、$b(a>b)$，球心距为 $c(c<a-b)$ 的两个球面间有密度为 ρ 的均匀体电荷分布，如题 2-6 图所示，求半径为 b 的球面内任一点的电场强度。

2-7　对于一充满电荷(电荷体密度为常数 ρ_0)的球，证明球内各点场强与到球心的距离成正比。

2-8　一个点电荷 $+q$ 位于 $(-a,0,0)$ 处，另一点电荷 $-2q$ 位于 $(a,0,0)$ 处。求电位等于零的面，空间有电场强度等于零的点吗？

2-9　已知电位函数 $\varphi=\dfrac{10}{x+y^2+z^3}$。试求 $\boldsymbol{E}$，并计算在 $(0, 0, 2)$ 及 $(5, 3, 2)$ 点处的 $\boldsymbol{E}$ 值。

2-10　两半径为 a 和 b $(a<b)$ 的同心导体球面间电位差为 V_0。问若 b 固定，使半径为 a 的球面上场强最小，a 与 b 的比值应是多少？

2-11　用双层电介质制成的同轴电缆如题 2-11 图所示，介电常数 $\varepsilon_1=4\varepsilon_0$，$\varepsilon_2=2\varepsilon_0$，内外导体单位长度上所带电荷分别为 τ 和 $-\tau$。

(1) 求两种电介质中，以及 $r<R_1$ 和 $r>R_3$ 处的电场强度与电通密度；

(2) 求两种电介质中的电极化强度；

(3) 问何处有极化电荷？并求其密度。

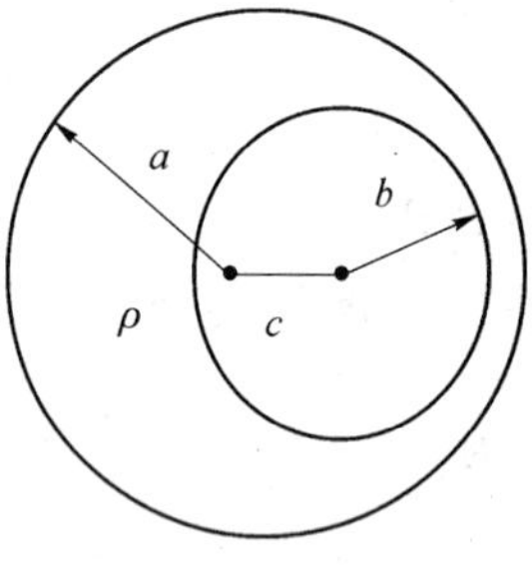

题 2-6 图

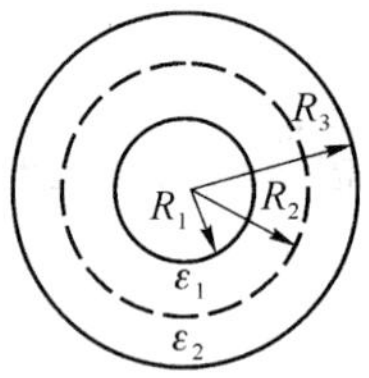

题 2-11 图

2-12　设真空中电位按照下面规律分布：

$$U(r)=\begin{cases} C\dfrac{a^3}{r}, & r\geqslant a \\ \dfrac{3}{2}C\left(a^2-\dfrac{r^2}{3}\right), & r<a \end{cases}$$

求电荷密度 $\rho(r)$。(答案：当 $r\geqslant a$ 时，$\rho=0$；当 $r<a$ 时，$\rho=3\varepsilon_0$)

2-13　一电荷 q 放在无界均匀介质中的一个球形空腔中心，设介质的介电常数为 ε，

空腔的半径为 a。求空腔表面的极化电荷面密度。

2-14 求下列情况下，真空中带电面之间的电压。

(1) 相距为 a 的两无限大平行板，电荷面密度分别为 $+\sigma$ 和 $-\sigma$；

(2) 无限长同轴圆柱面，半径分别为 a 和 b $(b>a)$，每单位长度上电荷：内柱为 τ，外柱为 $-\tau$；

(3) 半径分别为 R_1 和 R_2 的两同心球面 $(R_2>R_1)$，带有均匀分布的面积电荷，内外球面电荷总量分别为 q 和 $-q$.

2-15 假设 $x<0$ 的区域为空气，$x>0$ 的区域为电介质，电介质的介电常数为 $3\varepsilon_0$。如果空气中的电场强度为 $\boldsymbol{E}_1=3\boldsymbol{e}_x+4\boldsymbol{e}_y+5\boldsymbol{e}_z$ (V/m)，求电介质中的电场强度。

2-16 一个半径为 a 的电介质球内极化强度为 $P=\boldsymbol{r}K/r$，其中 K 是一个常数，试完成以下各题。

(1) 计算极化电荷的体密度和面密度；

(2) 计算自由电荷密度；

(3) 计算球内、外的电位分布。

$$\left(\text{答案：(1) } \rho_{\mathrm{P}}=-\frac{K}{r^2},\ \rho_{\mathrm{PS}}=\frac{K}{a};\text{(2) } \rho=\frac{\varepsilon_r}{\varepsilon_r-1}\frac{K}{r^2}\right.$$

$$\left.\text{(3) } U=\frac{K}{\varepsilon_0(\varepsilon_r-1)}\ln\left(\frac{a}{r}\right)+\frac{\varepsilon_r K}{\varepsilon_0(\varepsilon_r-1)}\ (r\leqslant a),\ U=\frac{\varepsilon_r K a}{\varepsilon_0(\varepsilon_r-1)r}\ (r\geqslant a)\right)$$

2-17 从静电场基本方程出发，证明当电介质均匀时，极化电荷密度 ρ_{P} 存在的条件是自由电荷的体密度 ρ 不为零，且有关系式 $\rho_{\mathrm{P}}=-(1-\varepsilon_0/\varepsilon)\rho$。

2-18 两种介质分界面为平面，已知 $\varepsilon_1=4\varepsilon_0$，$\varepsilon_2=2\varepsilon_0$，且分界面一侧的电场 $\boldsymbol{E}_1=100$ V/m，其方向与分界面的法线成 45°。求分界面另一侧的电场 $\boldsymbol{E}_2$。

2-19 有一个半径为 a、带电量 Q 的导体球，其球心位于两种介质的分界面上，此两种介质的电容率分别为 ε_1 和 ε_2，分界面可视为无限大平面。求(1) 球的电容；(2) 总静电能。

$$\left(\text{答案：(1) } C=2\pi a(\varepsilon_1+\varepsilon_2);\text{(2) } W_e=\frac{q^2}{4\pi a(\varepsilon_1+\varepsilon_2)}\right)$$

2-20 一平行板电容器极板面积 $S=400\ \mathrm{cm}^2$，两板相距 $d=0.5$ cm；两板中间的一半厚度为玻璃所占，另一半为空气。已知玻璃的 $\varepsilon_r=7$，其击穿场强为 60 kV/cm，空气的击穿场强为 30 kV/cm。当电容器接到 10 kV 的电源上时，会不会被击穿？

2-21 两平行导体平板相距为 d，板的尺寸远大于 d；一板电位为零，另一板电位为 V_0，两板间充满电荷，电荷体密度与距离成正比，即 $\rho(x)=\rho_0 x$。试求两板间的电位分布(注：$x=0$ 处板的电位为零)。

2-22 写出下列静电场的边值问题：

(1) 电荷体密度分别为 ρ_1 和 ρ_2，半径分别为 a 与 b 的双层同心带电球体(题 2-22 图(a))；

(2) 半径分别为 a 与 b 的两无限长空心同轴圆柱面导体，内圆柱表面上单位长度的

电量为 τ，外圆柱面导体接地（题 2-22 图(b)）。

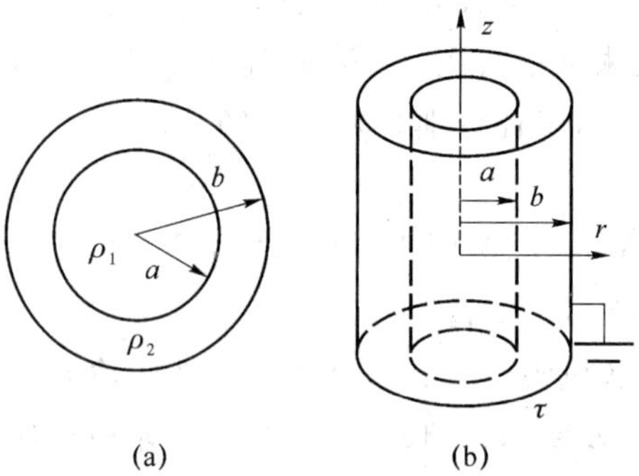

题 2-22 图

2-23　平行板电容器的长和宽分别为 a 和 b，板间距离为 d，电容器的一半厚度（$0\sim d/2$）用电介质 ε 填充，板上外加电压 U。试求：(1) 板上的自由电荷面密度；(2) 极化电荷密度；(3) 电容器的电容量。

（答案：(1) 自由电荷面密度 $\rho_{s上}=-\dfrac{2U\varepsilon}{d(\varepsilon_r+1)}$，$\rho_{s下}=\dfrac{2U\varepsilon}{d(\varepsilon_r+1)}$。

(2) 极化电荷密度：$y=d/2$ 处，$\rho_{sp上}=\dfrac{\varepsilon_r-1}{\varepsilon_r+1}\cdot\dfrac{2U\varepsilon_0}{d}$；$y=0$ 处，$\rho_{sp下}=-\dfrac{\varepsilon_r-1}{\varepsilon_r+1}\cdot\dfrac{2U\varepsilon_0}{d}$。

(3) 电容器的电容量 $C=\dfrac{2\varepsilon ab}{(1+\varepsilon_r)d}$）

2-24　对于空气中下列各种电位分布，分别求电场强度和电荷密度（A 和 B 为常数）：

(1) $\varphi=Ax^2$；

(2) $\varphi=Axyz$；

(3) $\varphi=A\rho^2\cos\phi+B\rho z$；

(4) $\varphi=Ar^2\cos\theta\cos\phi$。

2-25　在平行平板电极上加一直流电压 $U_0=2\text{V}$，极板间均匀分布体积电荷 ρ。试应用泊松方程求出极板板任意一点的电位 φ 和电场强度 $\boldsymbol{E}$。已知 $\rho=-10^{-6}\text{C/m}^3$，$\varepsilon=\varepsilon_0$，极板间距离 $d=5\text{ mm}$。

2-26　如题 2-26 图所示，设空间存在均匀电场 $\boldsymbol{E}=E_0\boldsymbol{e}_x$，在垂直于电场方向上放置一导体圆柱，圆柱半径为 a。求圆柱外的电位函数和导体表面的感应电荷密度。如果导体圆柱外包一层电介质，介电常数为 ε，介质的半径为 b（即 $a<\rho<b$ 为介质），求各区域中的电位函数。

2-27　在无限大接地导体平面两侧各有一点电荷 q_1 和 q_2，与导体平面的距离均为 d，求空间的电位分布。

2-28　假设在边长 $a=10\text{ cm}$ 正方形的 4 个顶点上各放一个 $Q=10^{-6}\text{C}$ 的点电荷，试

计算 $q=10^{-7}$C 的试验点电荷自中心位移到一边的中点时外力所做的功。

(答案:$W=2.376\times10^{-3}$ N·m)

2-29 如题 2-29 图所示,在真空的均匀电场($E_0\boldsymbol{e}_x$)中,离接地的导电平面 x 远处有一正点电荷 q,问使该点电荷所受之力为零,x 应为何值?

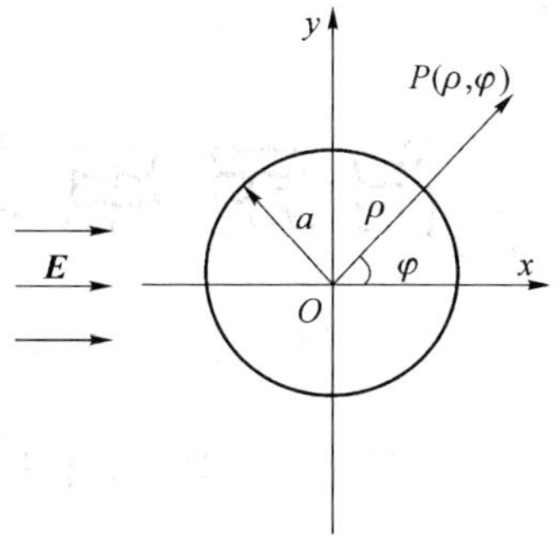

题 2-26 图

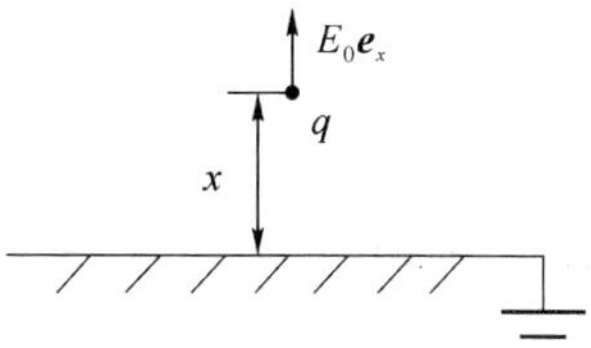

题 2-29 图

2-30 一半径为 10 cm 的圆柱型导体表面上有 200 μC/m^2 的均匀面电荷分布,导体置于 $\varepsilon_r=5$ 的无穷大电介质中,求导体表面上电介质中的 $\boldsymbol{D}$ 和 $\boldsymbol{E}$。

2-31 设有一内外半径分别为 a 和 b 的同轴线,证明单位长度的同轴线所储存的电场能量有一半在[a, $r=(ab)^{1/2}$]的介质区域内。

第3章 恒定电场

在静电场中，导体中没有电场，没有电荷的运动，导体是等位体，导体表面是等位面，所研究的是介质中的电场。

当导体中有电场存在时，导体中的自由电荷在电场力的作用下作定向运动，形成电流。如果导体中的电场保持不变，那么运动的自由电荷在导体中的分布将达到一种动态平衡，不随时间而改变，这种由运动电荷形成的电流称为恒定电流，维持导体中具有恒定电流的电场称为恒定电场。

处于恒定电场中的导体表面有恒定的电荷分布，它们在导体周围的介质中引起恒定电场，其性质与静电场类似，遵循与静电场相同的规律。所以，本章的重点在于研究导电媒质中的恒定电场。

3.1 电流及其密度

3.1.1 电流

带电粒子的定向运动形成电流。电流的形成必须具备两个条件。第一，必须有可以自由运动的电荷；第二，必须存在电位差。电流可以分为传导电流和运流电流：自由电荷在导体中定向运动形成的电流称为传导电流，金属导体中自由电荷主要是电子，半导体材料中自由电荷还包括空穴；自由电荷在真空中定向运动形成的电流称为运流电流。本章主要讨论传导电流。

电流的大小用电流强度来表示，单位时间内通过导体某一截面的电量称为电流强度，简称电流，用 I 来表示，在 SI 单位制中，电流的单位是安培(A)。根据电流的定义，电荷与电流的关系为

$$I=\frac{\mathrm{d}q}{\mathrm{d}t} \tag{3-1}$$

电流是标量，本无方向，但是通常人为规定电流的方向为正电荷的运动方向。当导电媒质较大时，通过相同截面的电流可能不同。为了精确描述电流的分布情况，必须引入电流密度。

3.1.2 电流密度

电流密度是矢量，又称为电流的面密度，用 $\boldsymbol{J}$ 来表示，定义为单位时间内通过垂直于电流方向上单位面积上的电流。根据定义，穿过面积元 $\mathrm{d}\boldsymbol{S}$ 的电流 $\mathrm{d}I$ 与电流密度 $\boldsymbol{J}$ 的关系为

$$\mathrm{d}I=\boldsymbol{J}\cdot\mathrm{d}\boldsymbol{S} \tag{3-2}$$

在 SI 单位制中，电流密度的单位是安/平方米/(A/m²)。根据式(3-2)，在导电媒质中，穿过某一截面的电流为

$$I=\int_S \boldsymbol{J}\cdot\mathrm{d}\boldsymbol{S} \tag{3-3}$$

式(3-3)表明，导电媒质中通过某一曲面 $\boldsymbol{S}$ 的电流等于电流密度在这一曲面上的通量。

如果导电粒子是同一种粒子，粒子的体密度为 ρ，其运动速度为 $\boldsymbol{v}$，根据电流密度的定义有

$$\boldsymbol{J}=\rho\boldsymbol{v} \tag{3-4A}$$

如果导电粒子为几种粒子，粒子的体密度分别为 ρ_i，粒子的运动速度分别为 $\boldsymbol{v}_i$，则电流密度为

$$\boldsymbol{J}=\sum_i \rho_i\boldsymbol{v}_i \tag{3-4B}$$

在较大的导电媒质中，各点电流密度 $\boldsymbol{J}$ 的数值和方向各不同，于是电流密度构成一个矢量场，称为电流场。电流场可以形象地用电流线来表示，电流线(又称为 $\boldsymbol{J}$ 线)上各点的切线方向表示电流密度的方向，电流线的疏密程度表示电流密度的大小。

在线性各向同性的导电媒质中，电流密度 $\boldsymbol{J}$ 与该点的电场强度的关系为

$$\boldsymbol{J}=\gamma\boldsymbol{E} \tag{3-5}$$

式中，γ 称为媒质的电导率，在 SI 单位制中，其单位为西/米(S/m)。

在某些情况下，例如，在时变电磁场中，由于趋肤效应电流只分布在导电媒质表面，当导电媒质可以看作是一个曲面时，还必须定义电流的线密度，用 $\boldsymbol{K}$ 表示，其定义为曲面上某点处，通过垂直于电流方向上单位长度的电流。因此，电流的线密度与电流的关系为

$$I=\int \boldsymbol{K}\cdot\boldsymbol{e}_n\,\mathrm{d}l \tag{3-6}$$

式中，$\boldsymbol{e}_n$ 为垂直于线段元 $\mathrm{d}l$ 方向上的单位矢量。在 SI 单位制中，$\boldsymbol{K}$ 的单位是安培/米(A/m)。电流的线密度与导电粒子运动速度的关系为

$$\boldsymbol{K}=\sigma\boldsymbol{v} \tag{3-7}$$

式中，σ 为带电面上电荷的面密度。

当电流在截面面积为零的导线内运动形成线电流 I 时，线电流 I 与电荷运动速率的关系为

$$I=\tau\boldsymbol{v} \tag{3-8}$$

式中，τ 为电荷的线密度。

电流密度不仅是空间的函数，也是时间的函数。将不随时间变化的电流场称为恒定

电流场，又称为稳恒电流场。恒定电流场中电流密度不随时间变化。

3.1.3 电流连续方程

下面考虑通过一个闭合曲面 $\boldsymbol{S}$ 的电流，设闭合曲面包围的区域为 V。根据电荷守恒定律（电荷既不能产生，也不会消灭，只能从一个区域转移到另一个区域），因此从该闭合曲面流出的电流

$$I=\oint_S \boldsymbol{J}\cdot \mathrm{d}\boldsymbol{S}$$

应等于闭合曲面内电荷的减少率，即

$$\oint_S \boldsymbol{J}\cdot \mathrm{d}\boldsymbol{S}=-\frac{\partial q}{\partial t}=-\frac{\partial}{\partial t}\int_V \rho \mathrm{d}V \tag{3-9}$$

式中，q 为闭合曲面内电荷的电量，ρ 为区域 V 内电荷的体密度。式(3-9)称为电流连续原理，是电荷守恒定律的数学表达形式。对上式应用散度定理，得到

$$\int_V \nabla\cdot \boldsymbol{J}\mathrm{d}V=-\int_V \frac{\partial \rho}{\partial t}\mathrm{d}V$$

欲使上式在任何情况下均能成立，必须有

$$\nabla\cdot \boldsymbol{J}+\frac{\partial \rho}{\partial t}=0 \tag{3-10}$$

由式(3-10)可知，欲维持恒定的电流必须有恒定的电场；欲得到恒定的电场，产生电场的源必须不随时间变化，即在恒定电场中，电荷的分布不随时间变化，电荷分布动态平衡，即 $\frac{\partial \rho}{\partial t}=0$。把分布不随时间变化的电荷称为驻立电荷，由此得到

$$\oint_S \boldsymbol{J}\cdot \mathrm{d}\boldsymbol{S}=0 \tag{3-11}$$

式(3-11)表明，通过闭合曲面电流密度的通量等于零。恒定电流场的电流线是闭合曲线，电流线没有起点和终点。式(3-11)的微分形式为

$$\nabla\cdot \boldsymbol{J}=0 \tag{3-12}$$

式(3-12)表明，恒定电流场是无散场。当闭合曲面 $\boldsymbol{S}$ 收缩为一个点时，得到

$$\sum I=0 \tag{3-13}$$

式(3-13)表明，流过一点（节点）电流的代数和为零，即基尔霍夫电流定律。

3.2 电源及其电动势

3.2.1 导电媒质的损耗

产生导电媒质中恒定电场的驻立电荷分布不随时间变化，恒定电场与静电场都是库仑场。恒定电场同样是保守场，其在闭合路径上的积分为零，即

$$\oint_L \boldsymbol{E}\cdot \mathrm{d}\boldsymbol{l}=0$$

但是，根据媒质导电的微观解释，电荷在运动过程中不断与晶格发生碰撞而产生能量

损耗。设媒质中电荷在恒定电场作用下以平均速度 $\boldsymbol{v}$ 运动，若电荷的体密度为 ρ，则作用于 $\mathrm{d}V$ 体积内电荷的电场力为

$$\mathrm{d}\boldsymbol{F}=\boldsymbol{E}\rho\mathrm{d}V$$

假如 $\mathrm{d}t$ 时间内电荷移动的距离为 $\mathrm{d}\boldsymbol{l}$，则电场力做功为

$$\mathrm{d}W=\mathrm{d}\boldsymbol{F}\cdot\mathrm{d}\boldsymbol{l}=\rho\mathrm{d}V\boldsymbol{E}\cdot\boldsymbol{v}\mathrm{d}t=\boldsymbol{J}\cdot\boldsymbol{E}\mathrm{d}V\mathrm{d}t$$

单位时间内电场做功，即电场的功率为

$$\mathrm{d}p=\frac{\mathrm{d}W}{\mathrm{d}t}=\boldsymbol{J}\cdot\boldsymbol{E}\mathrm{d}V$$

设 p 为单位体积内损耗的功率，即功率密度为

$$p=\frac{\mathrm{d}p}{\mathrm{d}V}=\boldsymbol{J}\cdot\boldsymbol{E} \tag{3-14}$$

则整个体积 V 内的功率为

$$P=\int_V p\,\mathrm{d}V=\int_V \boldsymbol{J}\cdot\boldsymbol{E}\mathrm{d}V \tag{3-15}$$

式(3-15)即为焦耳定理。为了与以前学过的知识相对应，在导电媒质中取一个圆柱，如图 3.1 所示，设圆柱的底面积为 ΔS，圆柱的长度为 $\mathrm{d}l$，圆柱体两端的电压为 U，流过圆柱的电流为 I，则有

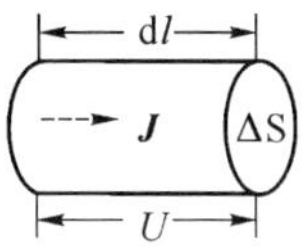

图 3.1 圆柱体导电媒质的损耗功率

$$E=\frac{U}{\mathrm{d}l},\quad J=\frac{I}{\Delta S},\quad p=\frac{UI}{\Delta S\mathrm{d}l}=\frac{UI}{\mathrm{d}V}$$

圆柱体损耗的功率为

$$P=p\mathrm{d}V=UI$$

式(3-15)为焦耳定理的积分形式，式(3-14)为焦耳定律的微分形式。

在各向同性的线性媒质中，有

$$p=\gamma\boldsymbol{E}\cdot\boldsymbol{E}=\gamma E^2 \tag{3-16}$$

3.2.2 电源及其电动势

由于电荷在移动过程中产生焦耳热，因此单独依靠恒定电场不能使电荷在闭合路径中移动，否则将改变驻立电荷的分布，从而不能再称之为恒定电场，因此欲维持恒定电场还必须依靠外部能源——电源的作用。电源不断提供能量，使电荷在闭合路径中移动，从而维持恒定的电流。

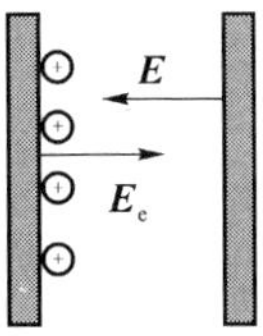

图 3.2 电源中的非静电场

电源是一种可以将其他形式的能量转换为电能的装置，可以是电池、热电偶或发电机等。电源中存在非静电场 $\boldsymbol{E}_e$，非静电场只存在于电源内部，其方向由电源的负极指向电源的正极，如图 3.2 所示。在非静电场力的作用下，正电荷不断从电源的负极移动到电源的正极，直到静电场和非静电场达到平衡为止。通常定义非静电场 $\boldsymbol{E}_e$ 将单位正电荷从电源的负极移动到电源的正极所做的功称为电源的电动势，用 ξ 表示，即

$$\xi=\int_-^+\boldsymbol{E}_e\cdot\mathrm{d}\boldsymbol{l} \tag{3-17}$$

因此,在恒定电场中,当选取的闭合路径经过电源时,电场强度的积分为

$$\oint_L (\boldsymbol{E}+\boldsymbol{E}_e)\cdot d\boldsymbol{l}=\oint_L \boldsymbol{E}\cdot d\boldsymbol{l}+\oint_L \boldsymbol{E}_e\cdot d\boldsymbol{l}=\xi \tag{3-18}$$

当选取的闭合路径不经过电源时

$$\oint_L \boldsymbol{E}\cdot d\boldsymbol{l}=0 \tag{3-19}$$

3.3 恒定电场的基本方程和分界面上的衔接条件

3.3.1 恒定电场的基本方程

恒定电场中的电流连续方程和电场强度沿闭合路径(不经过电源)的积分构成恒定电场的基本方程,其积分形式为

$$\oint_S \boldsymbol{J}\cdot d\boldsymbol{S}=0 \tag{3-20A}$$

$$\oint_L \boldsymbol{E}\cdot d\boldsymbol{l}=0 \tag{3-20B}$$

与之相应的恒定电场基本方程的微分形式为

$$\nabla\cdot\boldsymbol{J}=0 \tag{3-21A}$$

$$\nabla\times\boldsymbol{E}=0 \tag{3-21B}$$

式(3-21)表明,恒定电场仍然是保守场,电流线是闭合曲线,恒定电流只能存在于闭合回路中。

3.3.2 分界面上的衔接条件

在不同导电媒质的分界面上,由于媒质的性质发生突变,因此场量也发生突变,恒定电场基本方程的微分形式不再适用。与静电场不同分界面上场量满足的衔接条件相似,可以从恒定电场基本方程的积分形式推导出不同媒质分界面上场量所满足的衔接条件。

如果分界面上除静电场外,无其他电场,则根据$\oint_L \boldsymbol{E}\cdot d\boldsymbol{l}=0$,可以得到

$$E_{1t}=E_{2t} \tag{3-22}$$

即恒定电场中电场强度的切向分量是连续的。

由$\oint_S \boldsymbol{J}\cdot d\boldsymbol{S}=0$,可以得到

$$J_{1n}=J_{2n} \tag{3-23}$$

即恒定电场中电流密度的法向分量是连续的。

在线性各向同性的导电媒质中,$\boldsymbol{J}=\gamma\boldsymbol{E}$,根据式(3-23)可以得到

$$\frac{J_{1t}}{J_{2t}}=\frac{\gamma_1}{\gamma_2} \tag{3-24}$$

式(3-24)表明,分界面上电流密度切向分量之比等于两种媒质的电导率之比。

3.4 恒定电场的边值问题

由恒定电场的基本方程$\nabla\times\boldsymbol{E}=0$,同样定义标量位函数$\varphi$,令

$$\boldsymbol{E}=-\nabla\varphi$$

利用$\nabla\cdot\boldsymbol{J}=0$、$\boldsymbol{J}=\gamma\boldsymbol{E}$和矢量恒等式$\nabla\cdot(f\boldsymbol{A})=\nabla f\cdot\boldsymbol{A}+f\nabla\cdot\boldsymbol{A}$可以得到

$$\nabla\cdot(\gamma\boldsymbol{E})=\gamma\nabla\cdot\boldsymbol{E}+\nabla\gamma\cdot\boldsymbol{J}=0$$

当导电媒质均匀,即$\nabla\gamma=0$时,上式成为

$$\nabla^2\varphi=0 \tag{3-25}$$

式(3-25)即为恒定电场中电位满足的微分方程。在导电媒质的边界面上,与静电场相类似,存在三类边界条件,如果所考虑区域不均匀,还要满足不同媒质分界面上的衔接条件。微分方程与边界条件构成恒定电场的边值问题,通过求解边值问题可以解决与恒定电场的相关问题。

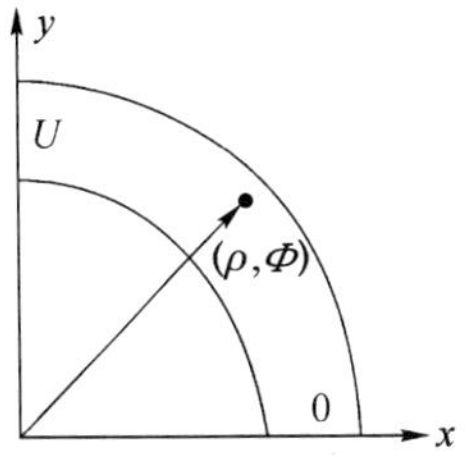

图 3.3 环形导电薄片两个端面之间的电阻

例 3-1 环形导电薄片的内外半径分别为a、b,厚度为d,如图 3.3 所示,求两个端面之间的电阻。

解:采用圆柱坐标系,则电位φ仅是方位角ϕ的函数,其满足的微分方程为

$$\frac{\mathrm{d}^2\varphi}{\mathrm{d}\phi^2}=0$$

上式的通解为

$$\varphi=A\phi+B$$

根据边界条件$\varphi\left(\frac{\pi}{2}\right)=0$,$\varphi(0)=0$,得到

$$A=\frac{2U}{\pi},\quad B=0$$

因此

$$\varphi=\frac{2U}{\pi}\phi$$

导电媒质中的电流密度为

$$\boldsymbol{J}=\gamma\boldsymbol{E}=-\gamma\nabla\varphi=-\frac{2\gamma U}{\pi\rho}\boldsymbol{e}_\phi$$

导体中的电流强度为

$$I=\int_a^b\left(-\frac{2\gamma U}{\pi\rho}\boldsymbol{e}_\phi\right)\cdot(-\boldsymbol{e}_\phi d\,\mathrm{d}\rho)=\frac{2\gamma Ud}{\pi}\ln\left(\frac{b}{a}\right)$$

导体两端的电阻为

$$R=\frac{U}{I}=\frac{\pi}{2\gamma d\ln\left(\frac{b}{a}\right)}$$

对于恒定电场边值问题的求解同样可以采用镜像法。例如,分界面为无限大平面的

两种导电媒质的电导率分别为 γ_1，γ_2，有一平行于分界面的长直状电极，设其单位长度向周围导电媒质流出的电流为 I，求其产生的恒定电场在两种媒质中的分布。

参照静电场中的镜像法，根据恒定电场满足的微分方程和边界条件，计算两种媒质中恒定电场的分布，如图 3.4 所示，欲计算上半空间的恒定电场，将整个空间看做充满导电率为 γ_1 的媒质，用 I 和 $I'=I$ 产生电场的叠加；欲计算下半空间的电场，将整个空间看做充满电导率为 γ_2 的媒质，用 I 和 $I''=\dfrac{\gamma_1-\gamma_2}{\gamma_1+\gamma_2}I$ 产生电场的叠加。

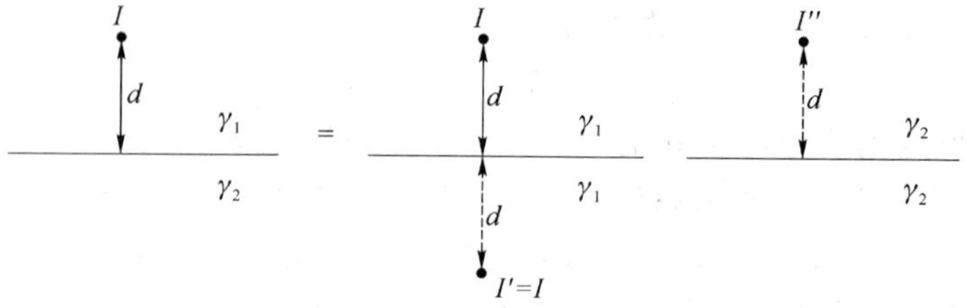

图 3.4　用镜像法求解恒定电场边值问题

小　结

1. 电流是由电荷有规则的运动形成的，不同的电荷分布运动所形成的电流密度具有不同的表达式：

体电流的面密度为 $\boldsymbol{J}=\rho\boldsymbol{v}$；

面电流的线密度为 $\boldsymbol{K}=\sigma\boldsymbol{v}$；

线电流为 $\boldsymbol{l}=\tau\boldsymbol{v}$。

2. 恒定电场的基本方程、边界条件与静电场中无电荷空间所对应的方程有类似的形式，两种场的场量间有一一对应的关系。当两种场的边界条件相同时，它们的解也有相同的形式。

静电场	恒定电场
$\nabla\times\boldsymbol{E}=0\ (\boldsymbol{E}=-\nabla\varphi)$	$\nabla\times\boldsymbol{E}=0\quad(\boldsymbol{E}=-\nabla\varphi)$
$\nabla\cdot\boldsymbol{D}=0$	$\nabla\cdot\boldsymbol{J}=0$
$E_{1t}=E_{2t}$	$E_{1t}=E_{2t}$
$D_{1n}=D_{2n}$	$J_{1n}=J_{2n}$
$\boldsymbol{D}=\varepsilon\boldsymbol{E}$	$\boldsymbol{J}=\gamma\boldsymbol{E}$
$\oint_S\boldsymbol{D}\cdot\mathrm{d}\boldsymbol{S}=Q_f$	$\oint_S\boldsymbol{J}\cdot\mathrm{d}\boldsymbol{S}=I$
$\nabla^2\varphi=0$	$\nabla^2\varphi=0$

习　题

3-1　对于直径为 2 mm 的导线，如果流过它的电流是 20 A，且电流密度均匀，导线的电导率为$\frac{10^8}{\pi}$S/m。求导线内部的电场强度。

3-2 已知一根长直导线的长度为 1 km，半径为 0.5 mm，当两端外加电压 6 V 时，线中产生的电流为 1/6 A。试求：(1) 导线的电导率；(2) 导线中的电场强度。

（答案：(1)$\sigma=3.54\times10^7$ S/m；(2) $E=6\times10^{-3}$ V/m）

3-3 已知 $\boldsymbol{J}=10y^2z\boldsymbol{e}_x-2x^2y\boldsymbol{e}_y+2x^2z\boldsymbol{e}_z$(A/m^2)。求穿过 $x=3$ m 处，2 m$\leqslant y\leqslant$3 m，3.8 m$\leqslant z\leqslant$5.2 m 面积上在 $\boldsymbol{e}_z$ 方向的总电流 I。

3-4 假设电荷均匀分布在半径为 a 的球内部，球所带的电荷量为 Q，球连同电荷一起以角速度 ω 旋转。试推出电流密度的表达式并且计算分布电流总和 I。

3-5 内外导体的半径分别为 R_1、R_2 的圆柱形电容器中间的非理想介质的电导率为 γ。若在内外导体间加电压 U_0，求非理想介质中各点的电位和电场强度。

3-6 宽度为 2 m 的电流薄层总电流为 6 A，位于 $z=0$ 的平面上，方向从原点指向点(2,3,0)。求 J_s 的表达式。

$\left(答案：J_s=\frac{1}{\sqrt{13}}(6\boldsymbol{a}_x+9\boldsymbol{a}_y)(\text{A/m})\right)$

3-7 球形电容器的内半径 $R_1=5$ cm，外半径 $R_2=10$ cm，其中设有两层电介质，其分界面亦为球面，半径 $R_0=8$ cm。若 $\gamma_1=10^{-10}$ S/m，$\gamma_2=10^{-9}$ S/m，又内外导体间施加电压 1 kV。求：(1) 球面之间的 $\boldsymbol{E}$，$\boldsymbol{J}$，φ；(2) 漏电导。

3-8 已知某一区域中给定瞬间的电流密度 $J=A(x^3\boldsymbol{e}_x+y^3\boldsymbol{e}_y+z^3\boldsymbol{e}_z)$，其中 A 为常数。求：(1)此瞬间点(1，−1，2)处电荷密度的变化率$\frac{\partial\rho}{\partial t}$；(2)求此时以原点为球心，$a$ 为半径的球内总电荷的变化率$\frac{\mathrm{d}Q}{\mathrm{d}t}$。

$\left(答案：(1)\frac{\partial\rho}{\partial t}=-18A；(2)\frac{\mathrm{d}Q}{\mathrm{d}t}=-2.4\pi Aa^2\right)$

3-9 无界非均匀导电介质(电导率和介电常数均是坐标的函数)中若有恒定电流存在。证明介质中的自由电荷密度为 $\rho=E\cdot\left(\nabla\varepsilon-\frac{\varepsilon}{\sigma}\nabla\sigma\right)$。

3-10 球形电容器的内外半径分别为 R_1、R_2，中间的非理想介质的电导率为 γ。已知内外导体间电压为 U_0。求介质中各点的电位和电场强度。

$\left(答案：\varphi(r)=\frac{I}{4\pi\gamma}\left(\frac{1}{r}-\frac{1}{R_2}\right)，E(r)=\frac{R_1R_2U_0}{(R_2-R_1)r^2}\boldsymbol{e}_r\right)$

3-11 两层媒质的同轴线内外导体半径分别为 a 和 b，两媒质分界面为半径等于 r_0 的同轴圆柱面，内外两层媒质的电容率和电导率分别为 ε_2、σ_2 和 ε_1、σ_1。当外加电压 U_0 时，求媒质中的电场及分界面上的自由电荷密度。

$$\left(答案：E_1=\boldsymbol{r}\frac{U_0}{\left(\frac{1}{\sigma_2}\ln\left[\frac{b}{r_0}\right)+\frac{1}{\sigma_1}\ln\left(\frac{r_0}{a}\right)\right]\sigma_1 r}，E_2=\boldsymbol{r}\frac{U_0}{\left[\frac{1}{\sigma_2}\ln\left(\frac{b}{r_0}\right)+\frac{1}{\sigma_1}\ln\left(\frac{r_0}{a}\right)\right]\sigma_2 r}，\right.$$

$$\left.\rho_{S1}=\frac{U_0}{\left[\frac{1}{\sigma_2}\ln\left(\frac{b}{r_0}\right)+\frac{1}{\sigma_1}\ln\left(\frac{r_0}{a}\right)\right]}\left(\frac{\varepsilon_1}{\sigma_1}-\frac{\varepsilon_2}{\sigma_2}\right)\right)$$

3-12　在电导率为 σ 的均匀导电媒质中有半径为 a_1 和 a_2 的两个理想导体小球，两球心之间的距离为 d 时有 $d \gg a_1$ 和 $d \gg a_2$。计算两导体球之间的电阻。

$\left(答案：R=\frac{1}{4\pi\sigma}\left(\frac{1}{a_1}+\frac{1}{a_2}-\frac{2}{d}\right)\right)$

3-13　如题 3-13 图所示，在一块厚度为 d 的导电板上，由两个半径分别为 ρ_1 和 ρ_2 的圆弧和夹角为 α 的两半径割出的一块扇形体。试求：(1)沿厚度方向的电阻；(2)两圆弧之间的电阻；(3)沿 α 方向两电极之间的电阻。设导体板的电导率为 σ。

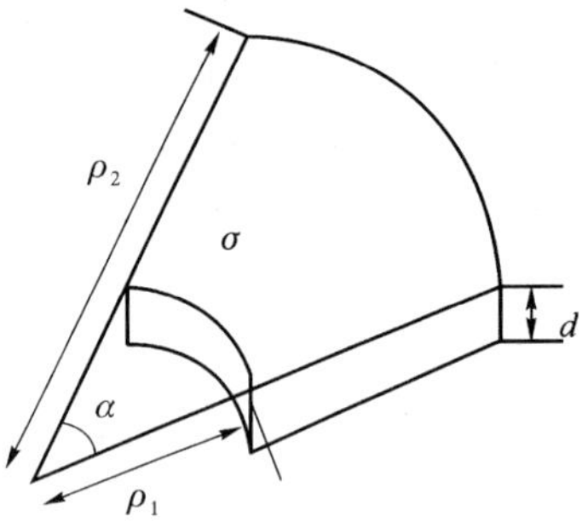

题 3-13 图

3-14　两种导电介质之间的分界面如题 3-14 图所示。如果分界面上方介质 1($\sigma_1=100$ S/m，$\varepsilon_{r1}=2$)的电流密度为 $J_1=20\boldsymbol{e}_x+30\boldsymbol{e}_y-10\boldsymbol{e}_z$(A/m^2)。试求：分界面下方介质 2($\sigma_2=1000$ S/m，$\varepsilon_{r2}=9$)的电流密度是多少？分界面两边 $\boldsymbol{E}$ 和 $\boldsymbol{D}$ 的对应分量各为多少？分界面上的面电荷密度是多少？

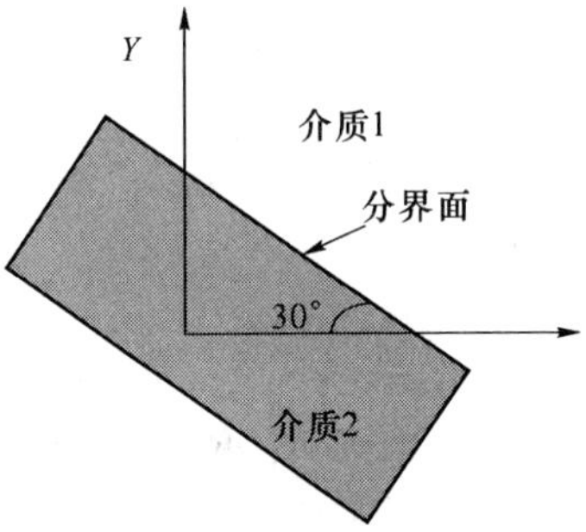

题 3-14 图

第4章 稳恒磁场

恒定电场在导电媒质中引起恒定电流，而恒定电流在其周围空间产生磁场，称为稳恒磁场。本章首先定义稳恒磁场的基本场量，并探讨这些基本场量应具有的基本特性、应遵循的基本规律和基本方程；然后研究媒质的磁特性，建立媒质分界面的边界条件；最后讨论电感和磁场的能量等，从而逐步深入地认识稳恒磁场。

4.1 磁感应强度

4.1.1 毕奥-萨法尔定律

大量实验表明，磁体之间、磁体与电流之间、电流与电流之间存在力的相互作用，这种相互作用是通过一种特殊的物质，即磁场来传递的。所有的磁场都是由运动的电荷或电流产生的。描述磁场一个基本的物理量是磁感应强度，用 $\boldsymbol{B}$ 来表示。电流激发磁场的规律符合毕奥-萨法尔定律。

如图 4.1 所示，在载有恒定电流 I 的导线上取电流元 $I\mathrm{d}\boldsymbol{l}'$，根据毕奥-萨法尔定律，此电流元在空间任意一点产生的磁感应强度为

$$\mathrm{d}\boldsymbol{B}=\frac{\mu_0}{4\pi}\frac{I\mathrm{d}\boldsymbol{l}'\times\boldsymbol{e}_R}{R^2}=\frac{\mu_0}{4\pi}\frac{I\mathrm{d}\boldsymbol{l}'\times(\boldsymbol{r}-\boldsymbol{r}')}{|\boldsymbol{r}-\boldsymbol{r}'|^3} \tag{4-1}$$

式(4-1)即为毕奥-萨法尔定律的微分形式。式中，μ_0 为真空中的磁导率，数值为 $4\pi\times10^{-7}$ 亨利/米(H/m)；$\boldsymbol{r}$ 为场点 P 的位置矢量；$\boldsymbol{r}'$ 为电流元 $I\mathrm{d}\boldsymbol{l}'$ 的位置矢量；$\boldsymbol{e}_R=\dfrac{(\boldsymbol{r}-\boldsymbol{r}')}{|\boldsymbol{r}-\boldsymbol{r}'|}$ 为单位位置矢量。在 SI 单位制中，磁感应强度的单位是特斯拉(T)。

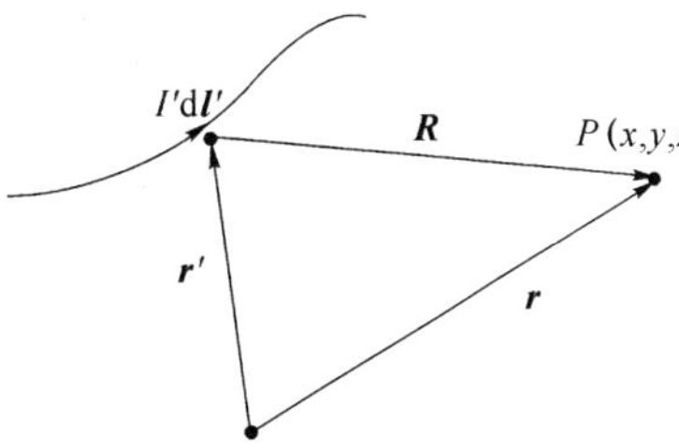

图 4.1 电流元在空间产生磁场

在式(4-1)的基础上，可推导出整根载流导线在空间任意一点 P 激发的磁感应强度为

$$\boldsymbol{B}=\frac{\mu_0}{4\pi}\int_{l'}\frac{I\mathrm{d}\boldsymbol{l}'\times(\boldsymbol{r}-\boldsymbol{r}')}{|\boldsymbol{r}-\boldsymbol{r}'|^3} \tag{4-2A}$$

对于载有体电流、面电流的导体在空间任意一点 P 激发的磁感应强度，可以表示为

$$\boldsymbol{B}=\frac{\mu_0}{4\pi}\int_{V'}\frac{\boldsymbol{J}\,\mathrm{d}V'\times(\boldsymbol{r}-\boldsymbol{r}')}{|\boldsymbol{r}-\boldsymbol{r}'|^3} \tag{4-2B}$$

$$\boldsymbol{B}=\frac{\mu_0}{4\pi}\int_{S'}\frac{\boldsymbol{K}\,\mathrm{d}S\times(\boldsymbol{r}-\boldsymbol{r}')}{|\boldsymbol{r}-\boldsymbol{r}'|^3} \tag{4-2C}$$

式(4-2)为毕奥-萨法尔定律的积分形式。

利用毕奥-萨法尔定律，可以计算载流导体在空间激发的磁感应强度分布。

例 4-1 计算真空中载有电流强度为 I、长度为 $2L$ 的导线在空间任意一点激发的磁感应强度；并说明当 $L\to\infty$ 时，情况如何？

解：如图 4.2 所示，选取圆柱坐标系，z 轴与导线重合，坐标原点取在导线的中点，在导线上取电流元 $I\mathrm{d}z'\boldsymbol{e}_z$，其坐标为 $(0,z')$，则导线在空间 $P(\rho,z)$ 点激发的磁感应强度为

$$\boldsymbol{B}=\frac{\mu_0 I}{4\pi}\int_{-L}^{L}\frac{\boldsymbol{e}_z\times\boldsymbol{R}}{R^3}\mathrm{d}z'$$

式中，$\boldsymbol{R}=\rho\,\boldsymbol{e}_\rho+(z-z')\boldsymbol{e}_z$，$R=\sqrt{\rho^2+(z-z')^2}$，由于 $\boldsymbol{e}_z\times\boldsymbol{R}=\rho\,\boldsymbol{e}_\phi$，因此上式成为

$$\boldsymbol{B}=\boldsymbol{e}_\phi\frac{\mu_0 I\rho}{4\pi}\int_{-L}^{L}\frac{1}{\left(\sqrt{\rho^2+(z-z')^2}\right)^3}\mathrm{d}z'$$

完成上述积分，得到

$$\boldsymbol{B}=\boldsymbol{e}_\phi\frac{\mu_0 I}{4\pi\rho}\left[\frac{z+L}{\sqrt{\rho^2+(z+L)^2}}-\frac{z-L}{\sqrt{\rho^2+(z-L)^2}}\right]$$

当 $L\to\infty$ 时，由上式得到

$$\boldsymbol{B}=\boldsymbol{e}_\phi\frac{\mu_0 I}{2\pi\rho} \tag{4-3}$$

式(4-3)即为无限长的载流直导线在空间任意一点激发磁场的磁感应强度。

例 4-2 如图 4.3 所示，在 xy 平面上有一圆环，圆环的半径为 a，其电流强度为 I。求圆环中心轴线(z 轴)上任意一点的磁感应强度，并给出当某点远离此圆环时，磁感应强度的近似表达式。

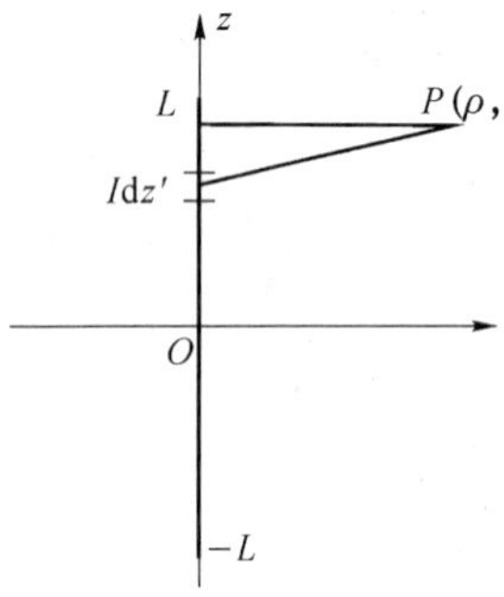

图 4.2 直导线在空间激发的磁场

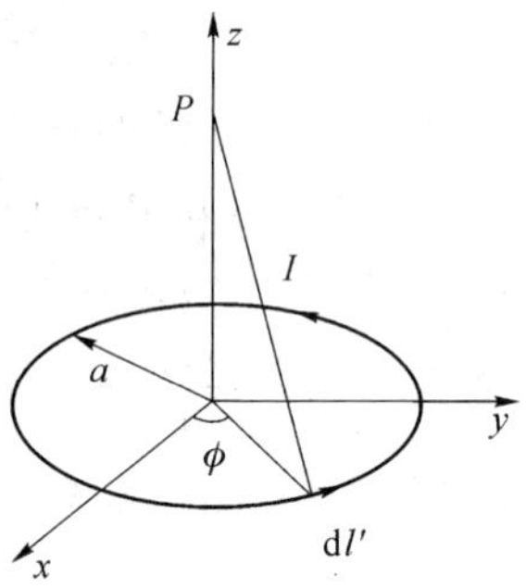

图 4.3 带电圆环产生的磁场

解：在圆环上取电流元，则此电流元可表示为 $I\mathrm{d}\boldsymbol{l}=a\mathrm{d}\phi\boldsymbol{e}_\phi$，其位置矢量为 $\boldsymbol{r}'=a\boldsymbol{e}_\rho+\phi\boldsymbol{e}_\phi$，圆环上任意点 P 的位置矢量为 $\boldsymbol{r}=z\boldsymbol{e}_z$，根据毕奥-萨法尔定律有

$$\mathrm{d}\boldsymbol{B}=\frac{\mu_0 I a\mathrm{d}\phi \boldsymbol{e}_\phi\times(-a\boldsymbol{e}_\rho+z\boldsymbol{e}_z-\phi\boldsymbol{e}_\phi)}{4\pi(a^2+z^2)^{3/2}}$$

由于 $\boldsymbol{e}_\phi\times\boldsymbol{e}_\rho=-\boldsymbol{e}_z, \boldsymbol{e}_\phi\times\boldsymbol{e}_z=\boldsymbol{e}_\rho, \boldsymbol{e}_\phi\times\boldsymbol{e}_\phi=0$,因此上式成为

$$\mathrm{d}\boldsymbol{B}=\frac{a\mu_0 I}{4\pi}\left[\frac{a\mathrm{d}\phi\boldsymbol{e}_z}{(a^2+z^2)^{3/2}}+\frac{z\mathrm{d}\phi\boldsymbol{e}_\rho}{(a^2+z^2)^{3/2}}\right]$$

此载流圆环在中心轴线上任意一点激发的磁感应强度为

$$\begin{aligned}\boldsymbol{B} &= \frac{a^2\mu_0 I}{4\pi}\int_0^{2\pi}\frac{a\mathrm{d}\phi\boldsymbol{e}_z}{(a^2+z^2)^{3/2}}+\frac{az\mu_0 I}{4\pi}\int_0^{2\pi}\frac{\mathrm{d}\phi\boldsymbol{e}_\rho}{(a^2+z^2)^{3/2}}\\ &= \frac{\mu_0 I a^2}{2(a^2+z^2)^{3/2}}\boldsymbol{e}_z\end{aligned}$$

圆环中心($z=0$)处的磁感应强度为

$$\boldsymbol{B}=\frac{\mu_0 I}{2a}\boldsymbol{e}_z \tag{4-4}$$

在远离圆环的位置,即 $z\gg a$ 处的磁感应强度可近似表示为

$$\boldsymbol{B}=\frac{\mu_0 I a^2}{2z^3}\boldsymbol{e}_z \tag{4-5}$$

上式可表示为

$$\boldsymbol{B}=\frac{\mu_0\boldsymbol{m}}{2\pi z^3}$$

其中,$\boldsymbol{m}=I\pi a^2\boldsymbol{e}_z=I\boldsymbol{S}$。当观测者远离环形电流时,可以将载流圆环看作一个磁偶极子,$\boldsymbol{m}$ 是磁偶极子的磁偶极矩,$\boldsymbol{S}$ 的方向与电流的环绕方向服从右手螺旋关系。

物质的原子由带正电的原子核和绕核旋转带负电的电子组成。电子在绕核旋转的同时,还有自旋。构成物质的微观粒子内电子的运动形成“分子电流”。分子电流相当于一个磁偶极子,具有的磁矩称为轨道磁矩,电子自旋产生自旋磁矩。如果这些分子电流有规则排列,物质在宏观上就会显示磁性,即物质磁性的基本起源是运动的电荷。

4.1.2 磁通连续性原理

通过某一曲面 $\boldsymbol{S}$ 的磁感应强度的通量称为磁通量,用 ψ 表示,即

$$\psi=\int_S\boldsymbol{B}\cdot\mathrm{d}\boldsymbol{S} \tag{4-6}$$

在 SI 单位制中,磁通量的单位为韦伯(Wb)。

为形象描述磁场,通常引入磁场线。磁场线是一簇曲线,曲线上每一点的切向方向代表该点磁感应强度的方向,磁场线的疏密程度正比于磁场感应强度的大小。实验表明磁场线是无头无尾的闭合曲线,通过闭合曲面磁感应强度的通量为零,即

$$\oint_S\boldsymbol{B}\cdot\mathrm{d}\boldsymbol{S}=0 \tag{4-7}$$

式(4-7)就是磁通连续原理。

4.1.3 安培力定律

运动的电荷——电流产生磁场,磁场对运动的电荷有力的作用,电流之间的相互作用

是通过磁场来传递的，下面讨论电流之间相互作用的规律——安培力定律。

如图 4.4 所示，设自由空间存在两个闭合回路，两个回路中的电流分别为 I_1、I_2，在回路中取两个电流元 $I_1\mathrm{d}\boldsymbol{l}_1$ 和 $I_2\mathrm{d}\boldsymbol{l}_2$，两个电流元的位置矢量分别为 $\boldsymbol{r}'$、$\boldsymbol{r}$，则电流元 1 对电流元 2 的作用力为

$$\mathrm{d}\boldsymbol{f}_{12}=\frac{\mu_0 I_2\mathrm{d}\boldsymbol{l}_2}{4\pi}\times\frac{I_1\mathrm{d}\boldsymbol{l}_1\times(\boldsymbol{r}'-\boldsymbol{r})}{|\boldsymbol{r}'-\boldsymbol{r}|^3}=I_2\mathrm{d}\boldsymbol{l}_2\times\mathrm{d}\boldsymbol{B}_1$$

式中，$\mathrm{d}\boldsymbol{B}_1$ 为电流元 1 在电流元 2 位置处激发的磁感应强度。因此，电流元 2 受到回路 L_1 的作用力为

$$\mathrm{d}\boldsymbol{f}_2=\frac{\mu_0 I_2\mathrm{d}\boldsymbol{l}_2}{4\pi}\times\oint_{L_1}\frac{I_1\mathrm{d}\boldsymbol{l}_1\times(\boldsymbol{r}'-\boldsymbol{r})}{|\boldsymbol{r}'-\boldsymbol{r}|^3}=I_2\mathrm{d}\boldsymbol{l}_2\times\boldsymbol{B}_1 \tag{4-8}$$

式中，$\boldsymbol{B}_1$ 为回路 L_1 在电流元 2 位置处激发的总磁感应强度。回路 L_2 受到回路 L_1 的作用力为

$$\begin{aligned}\boldsymbol{f}_2&=\oint_{L_2}\frac{\mu_0 I_2\mathrm{d}\boldsymbol{l}_2}{4\pi}\times\oint_{L_1}\frac{I_1\mathrm{d}\boldsymbol{l}_1\times(\boldsymbol{r}'-\boldsymbol{r})}{|\boldsymbol{r}'-\boldsymbol{r}|^3}\\&=\frac{\mu_0}{4\pi}\oint_{L_2}\oint_{L_1}\frac{I_2\mathrm{d}\boldsymbol{l}_2\times[I_1\mathrm{d}\boldsymbol{l}_1\times(\boldsymbol{r}'-\boldsymbol{r})]}{|\boldsymbol{r}'-\boldsymbol{r}|^3}\end{aligned} \tag{4-9}$$

式(4-9)即为安培力定律，描述真空中两个回路之间的相互作用力。

在一般情况下，当载流导体放置于外磁场 $\boldsymbol{B}$ 时，导体所受到的磁场力为

$$\boldsymbol{F}=\int_L I\,\mathrm{d}\boldsymbol{l}\times\boldsymbol{B} \tag{4-10}$$

同理，体电流 J 所受的磁场力可表示为

$$\boldsymbol{F}=\int_V\boldsymbol{J}\times\boldsymbol{B}\mathrm{d}V \tag{4-11}$$

式(4-9)即为安培力定律的一般形式。若有电荷 q 在磁场中以速度 $\boldsymbol{v}$ 运动，则磁场对它的作用力

$$\boldsymbol{F}=q\boldsymbol{v}\times\boldsymbol{B} \tag{4-12}$$

又称为洛伦兹力。由式(4-12)可知，磁场对静止电荷不会产生力的作用，运动电荷受到的磁场力与电荷的运动速度垂直，它只改变运动速度的方向，不会改变速度的大小，洛伦兹力不做功。

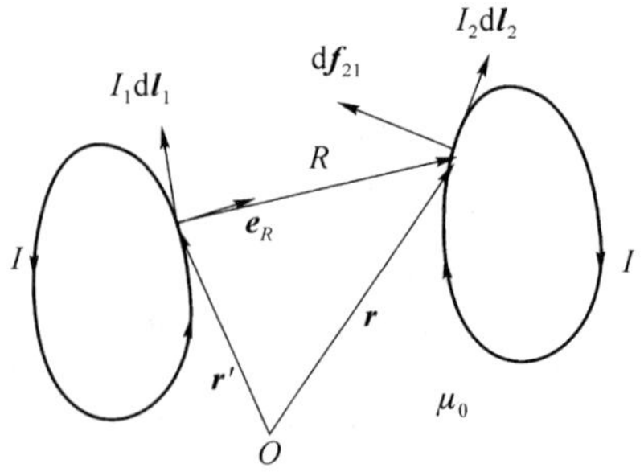

图 4.4　电流元之间的安培力

4.2 安培环路定理

4.2.1 真空中的安培环路定理

大量物理实验表明,真空中磁感应强度沿闭合路径的积分等于真空中的磁导率与路径所包围电流代数和的乘积,用数学形式表示为

$$\oint_L \boldsymbol{B} \cdot \mathrm{d}\boldsymbol{l} = \mu_0 \sum_i I_i \tag{4-13}$$

式(4-13)即为真空中的安培环路定理。

4.2.2 媒质的磁化

前面讲到构成物质的分子或原子具有轨道磁矩和自旋磁矩。在一般情况下,由于分子的无规则热运动,分子电流无规则排列,合成的磁矩为零,所以物质对外不显示磁性。但是,将物质放入磁场中,由于受到磁场力的作用,分子电流重新排列,致使合成的磁矩不再为零,物质对外呈现磁性,这种现象称为媒质的磁化。媒质的磁化用磁化强度 $\boldsymbol{M}$ 来表示。磁化强度定义为单位体积内磁偶极子磁矩的矢量和,数学形式为

$$\boldsymbol{M} = \lim_{\Delta V \to 0} \frac{\sum_i \boldsymbol{m}}{\Delta V} \tag{4-14}$$

式中,$\boldsymbol{m}$ 为分子的磁偶极矩。在 SI 单位制中,$\boldsymbol{M}$ 的单位是安培/米(A/m)。

由于媒质的磁化,产生新的宏观附加电流分布,称这种电流为磁化电流,用 I_m 表示,由于磁化电流被紧紧地束缚在分子或原子周围,所以又称为束缚电流。为定量分析磁化电流的大小,如图 4.5 所示,在媒质中取曲面 $\boldsymbol{S}$, $\boldsymbol{S}$ 的边界为 $\boldsymbol{L}$。所以,只有与 $\boldsymbol{S}$ 交链的分子电流才对 $\boldsymbol{S}$ 面的电流有贡献。与 $\boldsymbol{S}$ 面相交链的电流有两种情况:一种是在面内交链,分子电流穿出穿入 $\boldsymbol{S}$ 面各一次,对通过 $\boldsymbol{S}$ 的电流无贡献;另一种是与 $\boldsymbol{S}$ 边界 $\boldsymbol{L}$ 交链,它们只穿出或穿入一次,对 $\boldsymbol{S}$ 面的电流有贡献。在 $\boldsymbol{L}$ 上取线元 $\mathrm{d}\boldsymbol{l}$,设分子电流的面积为 $\boldsymbol{a}$,以 $\boldsymbol{a}$ 为底面,$\mathrm{d}\boldsymbol{l}$ 为中心轴线画一圆柱,如图 4.6 所示,则与 $\mathrm{d}\boldsymbol{l}$ 交链的分子电流流过 $\boldsymbol{S}$ 面有且仅有一次。设单位体积内的分子数为 N,则圆柱内的分子数为 $N\boldsymbol{a} \cdot \mathrm{d}\boldsymbol{l}$,此圆柱内的分子电流对 $\boldsymbol{S}$ 面贡献的磁化电流强度为

$$\mathrm{d}I_m = IN\boldsymbol{a} \cdot \mathrm{d}\boldsymbol{l} = N\boldsymbol{m} \cdot \mathrm{d}\boldsymbol{l} = \boldsymbol{M} \cdot \mathrm{d}\boldsymbol{l}$$

流过 $\boldsymbol{S}$ 面的磁化电流强度为

$$I_m = \oint_L \boldsymbol{M} \cdot \mathrm{d}\boldsymbol{l} \tag{4-15}$$

式(4-15)表明,通过某一曲面的磁化电流强度等于磁化强度在曲面边界上的线积分。

设磁化电流面密度为 $\boldsymbol{J}_m$,则有

$$\int_S \boldsymbol{J}_m \cdot \mathrm{d}\boldsymbol{S} = \oint_L \boldsymbol{M} \cdot \mathrm{d}\boldsymbol{l} \tag{4-16}$$

利用斯托克斯定理，得到

$$\int_S \boldsymbol{J}_m \cdot \mathrm{d}\boldsymbol{S} = \int_S \nabla \times \boldsymbol{M} \cdot \mathrm{d}\boldsymbol{S}$$

于是，有

$$\boldsymbol{J}_m = \nabla \times \boldsymbol{M} \tag{4-17}$$

即磁化电流密度等于磁化强度的旋度。

当磁化电流分布在媒质表面时，可以证明磁化电流的线密度为

$$\boldsymbol{K}_m = \boldsymbol{M} \times \boldsymbol{e}_n \tag{4-18}$$

其中，$\boldsymbol{e}_n$ 为媒质外法线方向的单位矢量。

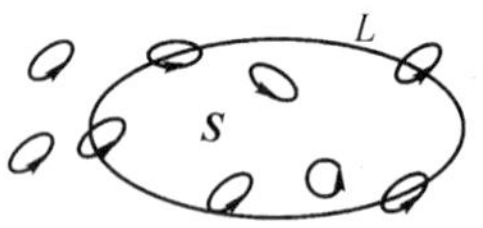

图 4.5　曲面 $\boldsymbol{S}$ 周围分子电流

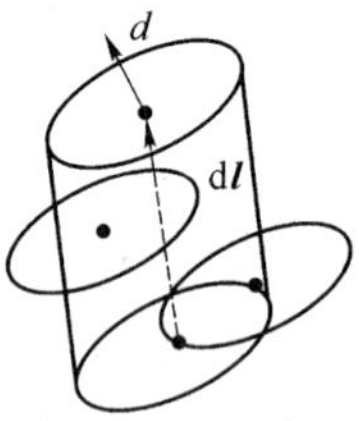

图 4.6　圆柱内的分子电流

4.2.3　媒质中的安培环路定理

由上面的分析得知，当媒质中存在磁场时，媒质发生磁化，产生附加的磁化电流，磁化电流虽然被束缚在分子或原子周围，但其激发磁场的性质和传导电流相同，所以媒质中的磁场是由传导电流和磁化电流共同激发的。媒质中的安培环路定理可写为

$$\oint_L \boldsymbol{B} \cdot \mathrm{d}\boldsymbol{l} = \mu_0 (I + I_m)$$

利用磁化强度和磁化电流的关系式(4-15)，可以得到

$$\oint_L \left(\frac{\boldsymbol{B}}{\mu_0} - \boldsymbol{M}\right) \cdot \mathrm{d}\boldsymbol{l} = I \tag{4-19}$$

定义一个新的物理量，即磁场强度 $\boldsymbol{H}$，令

$$\boldsymbol{H} = \frac{\boldsymbol{B}}{\mu_0} - \boldsymbol{M} \tag{4-20}$$

将式(4-19)改写为

$$\oint_L \boldsymbol{H} \cdot \mathrm{d}\boldsymbol{l} = I \tag{4-21}$$

式(4-21)即为媒质中的安培环路定理，它表明媒质中磁场强度沿闭合路径的积分等于路径所包围传导电流的代数和。在 SI 单位制中，$\boldsymbol{H}$ 的单位是安培/米(A/m)。

须指出的是，回路绕行方向和电流的流向受右手螺旋关系约束，二者符合右手螺旋关系，则电流取正号，否则取负号。磁场强度沿环路的积分只与环路所限定面积内的总传导电流有关，与传导电流在环路所限定面积内如何分布无关；如果环路 L 所限定曲面内的传导电流不止一个，则

$$\oint_L \boldsymbol{H} \cdot \mathrm{d}\boldsymbol{l} = \sum_i I_i \tag{4-22}$$

在线性各向同性的媒质中

$$\boldsymbol{M} = \chi_m \boldsymbol{H} \tag{4-23}$$

式中，χ_m 是一个无量纲的纯数，称为媒质的磁化率。由此可以得到

$$\boldsymbol{B} = \mu_0(\boldsymbol{H} + \boldsymbol{M}) = \mu_0(1 + \chi_m)\boldsymbol{H} = \mu_0\mu_r\boldsymbol{H} = \mu\boldsymbol{H} \tag{4-24}$$

式(4-24)中，μ 为媒质的磁导率。在 SI 单位制中，媒质的磁导率与真空的磁导率具有相同的量纲；$\mu_r = \mu/\mu_0$ 称为相对磁导率，无量纲，为纯数。

安培环路定理的作用类似于静电场中的高斯定理，利用安培环路定理可以使某些求解磁场分布的问题简化。

例 4-3 一根无限长沿 z 轴放置的空心导体内外半径分别为 a、b，若沿 z 轴正方向的电流 I 均匀分布，求空间内任意一点的磁场强度。

解：导体中的电流密度为

$$\boldsymbol{J} = \frac{I}{\pi(b^2 - a^2)}\boldsymbol{e}_z$$

选取圆柱坐标系，磁场强度只有 $\boldsymbol{e}_\phi$ 方向上的分量，且仅是 ρ 的函数。以 z 轴为轴线画一圆环，则磁场强度沿圆环的积分为

$$\oint_L \boldsymbol{H} \cdot \mathrm{d}\boldsymbol{l} = 2\pi\rho H$$

在 $\rho \leqslant a$ 的区域

$$\oint_L \boldsymbol{H} \cdot \mathrm{d}\boldsymbol{l} = 2\pi\rho H = 0$$

$$\boldsymbol{H} = 0$$

在 $a < \rho \leqslant b$ 的区域

$$\oint_L \boldsymbol{H} \cdot \mathrm{d}\boldsymbol{l} = 2\pi\rho H = \int_S \boldsymbol{J} \cdot \mathrm{d}\boldsymbol{S} = \frac{I(\rho^2 - a^2)}{b^2 - a^2}$$

$$\boldsymbol{H} = \frac{I(\rho^2 - a^2)}{2\pi\rho(b^2 - a^2)}\boldsymbol{e}_\phi$$

在 $\rho > b$ 的区域

$$\oint_L \boldsymbol{H} \cdot \mathrm{d}\boldsymbol{l} = 2\pi\rho H = I$$

$$\boldsymbol{H} = \frac{I}{2\pi\rho}\boldsymbol{e}_\phi$$

4.3 磁矢位和磁标位

4.3.1 磁矢位

由于静电场是无旋场，电场强度的旋度为零，因此引入电位来描述静电场。由于恒定

磁场的无散性($\nabla \cdot \boldsymbol{B}=0$),利用矢量恒定式$\nabla \cdot (\nabla \times \boldsymbol{F})=0$,引入矢量函数来进行辅助计算,这个函数称为磁矢位,用$\boldsymbol{A}$表示,即

$$\boldsymbol{B}=\nabla \times \boldsymbol{A} \tag{4-25}$$

在SI单位制中,$\boldsymbol{A}$的单位是韦伯/米(Wb/m)。可以证明,体电流、面电流、线电流在空间任意一点激发的磁矢位分别为

$$\boldsymbol{A}=\frac{\mu_0}{4\pi}\int_{V'}\frac{\boldsymbol{J}\,\mathrm{d}V'}{R} \tag{4-26A}$$

$$\boldsymbol{A}=\frac{\mu_0}{4\pi}\int_{S'}\frac{\boldsymbol{K}\,\mathrm{d}S'}{R} \tag{4-26B}$$

$$\boldsymbol{A}=\frac{\mu_0}{4\pi}\int_{l'}\frac{I\,\mathrm{d}\boldsymbol{l}'}{R} \tag{4-26C}$$

式中,R为电流元与场点之间的距离。因此可以先求解$\boldsymbol{A}$,然后利用式(4-25)求解$\boldsymbol{B}$,即可得知磁场的分布情况。磁感应强度在曲面上$\boldsymbol{S}$上的通量也可以用$\boldsymbol{A}$来计算,即

$$\psi=\int_S\boldsymbol{B}\cdot\mathrm{d}\boldsymbol{S}=\int_S(\nabla\times\boldsymbol{A})\cdot\mathrm{d}\boldsymbol{S}$$

利用斯托克斯定理,上式化为

$$\psi=\oint_L\boldsymbol{A}\cdot\mathrm{d}\boldsymbol{l}$$

上式中L为曲面$\boldsymbol{S}$的边界,其绕行方向与曲面$\boldsymbol{S}$的法线方向符合右手螺旋关系。

须指出的是,磁矢位$\boldsymbol{A}$只是一个辅助函数,无具体的物理意义。磁矢位可以使某些计算过程简化。

例 4-4 计算真空中载有电流强度为I、长度为$2L$的导线在其垂直平分面上激发的磁感应强度,并给出当$L\to\infty$时,情况如何?

解:通过先求解$\boldsymbol{A}$,然后利用$\boldsymbol{A}$与$\boldsymbol{B}$的关系求解磁场的分布情况。如图 4.2 所示,选取圆柱坐标系,z轴与导线重合,在导线上取电流元$I\mathrm{d}z'\boldsymbol{e}_z$,其坐标为$(0,0,z')$;垂直平分面上任意一点$P$的坐标为$(\rho,\phi,0)$,场点$P$相对于电流元的位置矢量为$\boldsymbol{R}=\rho\boldsymbol{e}_\rho+\phi\boldsymbol{e}_\phi-z'\boldsymbol{e}_z$,两者之间的距离$R=\sqrt{\rho^2+z'^2}$,电流元$I\mathrm{d}z'\boldsymbol{e}_z$在$P$点激发的磁矢位为

$$\begin{aligned}\boldsymbol{A}&=\boldsymbol{e}_z\frac{\mu_0 I}{4\pi}\int_{-L}^{L}\frac{\mathrm{d}z'}{\sqrt{\rho^2+z'^2}}\\&=\boldsymbol{e}_z\frac{\mu_0 I}{4\pi}\left[\ln\left(L+\sqrt{\rho^2+L^2}\right)-\ln\left(-L+\sqrt{\rho^2+L^2}\right)\right]\end{aligned}$$

$$\boldsymbol{B}=\nabla\times\boldsymbol{A}=-\frac{\partial A_z}{\partial\rho}\boldsymbol{e}_\phi=\boldsymbol{e}_\phi\frac{\mu_0 I}{2\pi\rho}\frac{L}{\sqrt{\rho^2+L^2}}$$

当$L\to\infty$时,由上式得到

$$\boldsymbol{A}=\boldsymbol{e}_z\frac{\mu_0 I}{2\pi}\ln\left(\frac{2L}{\rho}\right)$$

$$\boldsymbol{B}=\boldsymbol{e}_{\phi}\frac{\mu_0 I}{2\pi\rho} \tag{4-27}$$

例 4-5 如图 4.7 所示，求通过直导线附近矩形曲面的磁通量，设导线中的电流为 I，曲面的法线方向垂直向里。

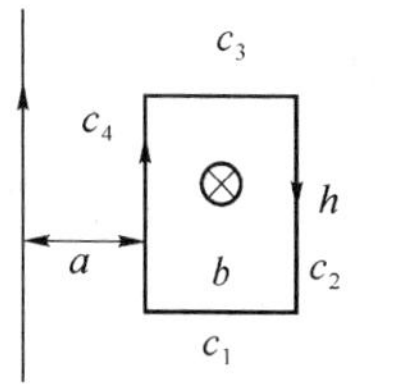

图 4.7 直导线附近矩形曲面的磁通量

解法 1：直接积分

$$\psi=\int_S \boldsymbol{B}\cdot \mathrm{d}\boldsymbol{S}=\int_a^{a+b}\frac{\mu_0 I}{2\pi\rho}\boldsymbol{e}_{\phi}\cdot\boldsymbol{e}_{\phi}h\,\mathrm{d}\rho=\frac{\mu_0 Ih}{2\pi}\ln\left(\frac{a+b}{a}\right)$$

解法 2：

$$\begin{aligned}\psi&=\oint_L \boldsymbol{A}\cdot \mathrm{d}\boldsymbol{l}=\int_{c_1}\boldsymbol{A}\cdot \mathrm{d}\boldsymbol{l}+\int_{c_2}\boldsymbol{A}\cdot \mathrm{d}\boldsymbol{l}+\int_{c_3}\boldsymbol{A}\cdot \mathrm{d}\boldsymbol{l}+\int_{c_4}\boldsymbol{A}\cdot \mathrm{d}\boldsymbol{l}\\&=\int_{c_2}\boldsymbol{A}\cdot \mathrm{d}\boldsymbol{l}+\int_{c_4}\boldsymbol{A}\cdot \mathrm{d}\boldsymbol{l}\\&=\frac{\mu_0 Ih}{2\pi}\ln\left(\frac{2L}{a}\right)-\frac{\mu_0 Ih}{2\pi}\ln\left(\frac{2L}{a+b}\right)\\&=\frac{\mu_0 Ih}{2\pi}\ln\left(\frac{a+b}{a}\right)\end{aligned}$$

从场量分析的角度来讲，一个矢量函数当且仅当它的散度和旋度同时确定时，该矢量场才是唯一确定的。前面只确定 $\boldsymbol{A}$ 旋度，还须确定 $\boldsymbol{A}$ 的散度。在恒定磁场中，通常约定 $\nabla\cdot\boldsymbol{A}=0$，并将此约束条件称为库仑规范条件。

4.3.2 磁标位

安培环路定理表明，恒定磁场不是保守场，不能像静电场一样定义标量函数，但是在无电流分布的区域，有 $\oint_L \boldsymbol{H}\cdot \mathrm{d}\boldsymbol{l}=0$，因此在传导电流为零的区域，可以假设

$$\boldsymbol{H}=-\nabla\varphi_{\mathrm{m}} \tag{4-28}$$

式中，φ_{m} 为磁位，亦称磁标位。在 SI 单位制中，其单位为安培(A)。引入磁位以后，同样可以定义磁场中两点的磁压为

$$U_{\mathrm{m}AB}=\int_A^B \boldsymbol{H}\cdot \mathrm{d}\boldsymbol{l}=\varphi_{\mathrm{m}A}-\varphi_{\mathrm{m}B} \tag{4-29}$$

注意，引入磁标位完全是为简化计算，并没有任何实际的物理意义；另外，磁标位只能局限于无源区域，所以应用受到一定的限制。

4.4 恒定磁场的基本方程和分界面上的衔接条件

4.4.1 恒定磁场的基本方程

磁通连续原理和安培环路定理构成恒定磁场的基本方程，现总结如下。

磁通连续原理为

$$\oint_S \boldsymbol{B}\cdot \mathrm{d}\boldsymbol{S}=0 \tag{4-30A}$$

利用高斯散度定律，将上式化为

$$\oint_S \boldsymbol{B} \cdot d\boldsymbol{S} = \int_V \nabla \cdot \boldsymbol{B} dV = 0$$

得到

$$\nabla \cdot \boldsymbol{B}=0 \tag{4-30B}$$

式(4-30B)即为磁通连续原理的微分形式，表明恒定磁场是无散场。

安培环路定理为

$$\oint_L \boldsymbol{H} \cdot d\boldsymbol{l} = I \tag{4-31A}$$

利用斯托克斯定理，将上式化为

$$\oint_L \boldsymbol{H} \cdot d\boldsymbol{l} = \int_S \nabla \times \boldsymbol{H} \cdot d\boldsymbol{S} = \int_S \boldsymbol{J} \cdot d\boldsymbol{S}$$

得到

$$\nabla \times \boldsymbol{H}=\boldsymbol{J} \tag{4-31B}$$

式(4-31B)即为安培环路定理的微分形式，表明恒定磁场是有旋场。

式(4-30)和式(4-31)共同构成恒定磁场的基本方程。场量 $\boldsymbol{B}$ 和 $\boldsymbol{H}$ 之间通过式(4-20)或式(4-24)联系起来。

4.4.2 不同媒质分界面上的衔接条件

在两种不同媒质的分界面上，由于媒质的性质发生突变，磁场的微分方程不再适用。参照静电场在分界面上衔接条件的推导过程，可以从恒定磁场积分方程出发，得出两种不同媒质分界面上场量所满足的衔接条件。

1）磁感应强度满足的衔接条件

如图 4.8 所示，在两种不同媒质的分界面上作一个扁圆柱，根据磁通连续原理 $\oint_S \boldsymbol{B} \cdot d\boldsymbol{S} = 0$，有

$$-B_{1n}\Delta S+B_{2n}\Delta S=0$$

得到

$$B_{1n}=B_{2n} \tag{4-32}$$

即两种不同媒质的分界面上，磁感应强度的法向分量是连续的。

在线性各向同性的媒质中，式(4-32)可写为

$$\mu_1 H_{1n}=\mu_2 H_{2n} \tag{4-33}$$

2）磁场强度满足的衔接条件

在两种不同媒质的分界面上作一矩形回路，如图 4.9 所示，根据安培环路定理 $\oint_L \boldsymbol{H} \cdot d\boldsymbol{l} = I$，有

$$H_{1t}\Delta l-H_{2t}\Delta l=K\Delta l$$

于是

$$H_{1t}-H_{2t}=K \tag{4-34}$$

式(4-34)表明，在两种不同媒质的分界面上磁场强度的切向分量是不连续的。须注意的

是，K 的正负须看它与回路绕行方向是否符合右手螺旋关系，符合为正，否则为负。当分界面上无面电流分布时，有

$$H_{1t}=H_{2t} \tag{4-35}$$

式(4-35)表明当两种媒质分界面上无面电流时，磁场强度的切向分量是连续的。

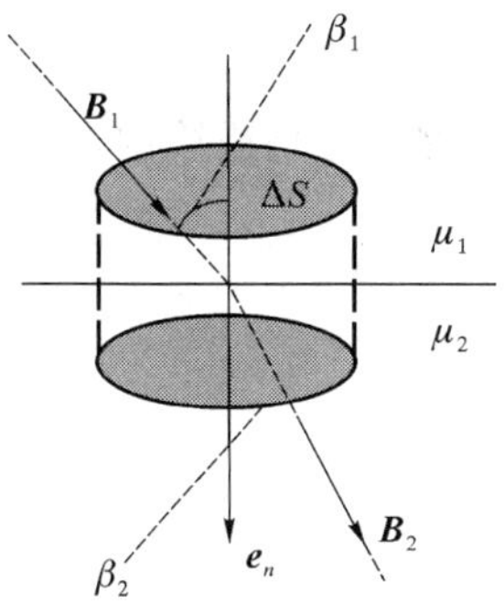

图 4.8　磁感应强度满足的衔接条件

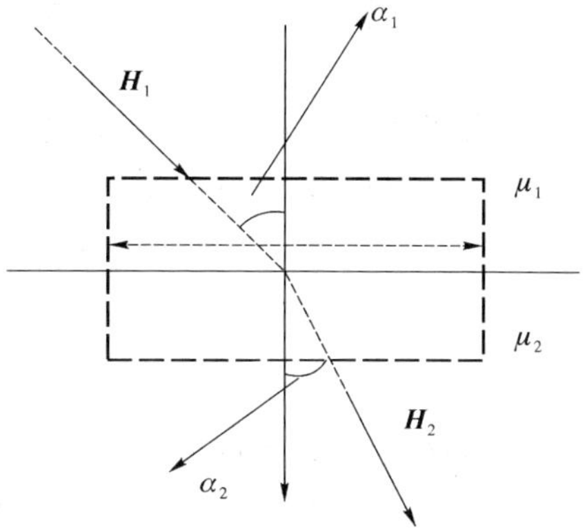

图 4.9　在媒质分界面应用安培环路定理

在线性各向同性的媒质中，式(4-34)、式(4-35)可写为

$$\frac{B_{1t}}{\mu_1}-\frac{B_{2t}}{\mu_2}=K \tag{4-36}$$

$$\frac{H_{1t}}{\mu_1}=\frac{H_{2t}}{\mu_2} \tag{4-37}$$

式(4-33)～式(4-36)表明，当分界面上无面电流时，磁场强度的切向分量相等，法向分量不相等，磁感应强度的法向分量相等，切向分量不相等，说明磁场强度和磁感应强度的大小及方向在分界面两侧都会发生变化，而产生这种变化的原因在于分界面上存在磁化电流。

在线性各向同性的媒质中，当分界面上无面电流时，由式(4-32)、式(4-35)可以得到

$$\frac{\tan\alpha_1}{\tan\alpha_2}=\frac{\mu_1}{\mu_2} \tag{4-38}$$

式(4-38)称为恒定磁场的折射定律。

由折射定律可知，当两种媒质的磁导率相差很大时，例如，媒质 1 为铁磁类物质(铁磁类物质的磁导率很大)，媒质 2 为非铁磁类物质(非铁磁类的磁导率一般可以认为等于真空的磁导率)，有 $\mu_1\gg\mu_2$。这时，只要 $\alpha_1\neq 90°$，α_2 将很小，如设 $\mu_1=2000\mu_0$，$\mu_2=\mu_0$，$\alpha_1=85°$，得到

$$\alpha_2=a\tan\left(\frac{\mu_0}{2000\mu_0}\tan 85°\right)=33'$$

因此，通常可以认为非铁磁类物质一侧靠近分界面处的磁场强度垂直于分界面。

3) 磁矢位满足的衔接条件

参照上述磁感应强度和磁场强度分界面上衔接条件的推导方法，可以得到磁矢位在分界面上满足的衔接条件。读者自行导出，这里只给出结论。

由 $\psi=\int_S \boldsymbol{B}\cdot \mathrm{d}\boldsymbol{S}=\oint_L \boldsymbol{A}\cdot \mathrm{d}\boldsymbol{l}$，可以得出

$$A_{1t}=A_{2t} \tag{4-39}$$

即在两种不同媒质的分界面上磁矢位的切向分量连续。

利用库仑规范条件 $\oint_S \boldsymbol{A}\cdot \mathrm{d}\boldsymbol{S}=\int_V \nabla\cdot \boldsymbol{A}\mathrm{d}V=0$，可以得到

$$A_{1n}=A_{2n} \tag{4-40}$$

即在两种媒质的分界面上磁矢位的法向分量连续。

综合以上两式可以得出，在两种不同媒质的分界面上磁矢位是连续的，即

$$\boldsymbol{A}_1=\boldsymbol{A}_2 \tag{4-41}$$

另外，由式(4-36)可以得出

$$\frac{1}{\mu_1}(\nabla\times\boldsymbol{A}_1)_t-\frac{1}{\mu_2}(\nabla\times\boldsymbol{A}_2)_t=K \tag{4-42}$$

对于二维平行平面磁场，在两种媒质的分界面上磁矢位满足

$$A_1=A_2 \tag{4-43}$$

$$\frac{1}{\mu_1}\frac{\partial A_1}{\partial n}-\frac{1}{\mu_2}\frac{\partial A_2}{\partial n}=K \tag{4-44}$$

4）磁位满足的衔接条件

在两种不同媒质的分界面上，由式(4-33)、式(4-35)可以得出磁位满足以下两个衔接条件：

$$\varphi_{\mathrm{m}1}=\varphi_{\mathrm{m}2} \tag{4-45}$$

$$\frac{1}{\mu_1}\frac{\partial\varphi_{\mathrm{m}1}}{\partial n}=\frac{1}{\mu_2}\frac{\partial\varphi_{\mathrm{m}2}}{\partial n} \tag{4-46}$$

例 4-6 已知 $z=0$ 的平面为两种媒质的分界面：在 $z>0$ 的区域，媒质的磁导率为 $\mu=6\mu_0$；$z<0$ 的区域为真空，真空中的磁场强度 $\boldsymbol{H}_1=12\boldsymbol{e}_x+24\boldsymbol{e}_y+30\boldsymbol{e}_z$(A/m)。设分界面上无面电流，求 $\boldsymbol{B}_2$、$\boldsymbol{H}_2$。

解：由题意知，法线方向为 $\boldsymbol{e}_z$，切向方向为 $\boldsymbol{e}_x$、$\boldsymbol{e}_y$，$\boldsymbol{B}_1=12\mu_0\boldsymbol{e}_x+24\mu_0\boldsymbol{e}_y+30\mu_0\boldsymbol{e}_z$，根据衔接条件

$$B_{1z}=B_{2z}=30\mu_0,\ H_{2z}=B_{2z}/\mu=5$$

$$\boldsymbol{H}_{1t}=\boldsymbol{H}_{2t}=12\boldsymbol{e}_x+24\boldsymbol{e}_y,\ \boldsymbol{B}_{2t}=72\mu_0\boldsymbol{e}_x+144\mu_0\boldsymbol{e}_y$$

所以

$$\boldsymbol{H}_2=12\boldsymbol{e}_x+24\boldsymbol{e}_y+5\boldsymbol{e}_z$$

$$\boldsymbol{B}_2=72\mu_0\boldsymbol{e}_x+144\mu_0\boldsymbol{e}_y+30\mu_0\boldsymbol{e}_z$$

4.5 恒定磁场的边值问题

4.5.1 位函数满足的微分方程

1）磁矢位满足的微分方程

在各向同性的线性媒质中，安培环路定律的微分形式可写为

$$\nabla\times\boldsymbol{B}=\mu\boldsymbol{J} \tag{4-47}$$

将 $\boldsymbol{B}=\nabla\times\boldsymbol{A}$ 代入式(4-47)得到

$$\nabla\times\nabla\times\boldsymbol{A}=\mu\boldsymbol{J}$$

利用矢量恒等式 $\nabla\times\nabla\times\boldsymbol{A}=\nabla(\nabla\cdot\boldsymbol{A})-\nabla^2\boldsymbol{A}$，并考虑到库仑规范条件 $\nabla\cdot\boldsymbol{A}=0$，则上式可化为

$$\nabla^2\boldsymbol{A}=-\mu\boldsymbol{J} \tag{4-48}$$

式(4-48)即为磁矢位满足的微分方程，称为矢量泊松方程。将其写成分量形式，即

$$\nabla^2 A_x=-\mu J_x \tag{4-49A}$$

$$\nabla^2 A_y=-\mu J_y \tag{4-49B}$$

$$\nabla^2 A_z=-\mu J_z \tag{4-49C}$$

可以证明，当电流分布在有限空间且选无限远作为磁矢位的零参考点时，式(4-49)的解分别为

$$A_x=\frac{\mu}{4\pi}\int_{V'}\frac{J_x\mathrm{d}V'}{R},\quad A_y=\frac{\mu}{4\pi}\int_{V'}\frac{J_y\mathrm{d}V'}{R},\quad A_z=\frac{\mu}{4\pi}\int_{V'}\frac{J_z\mathrm{d}V'}{R} \tag{4-50}$$

将式(4-50)合并写成

$$\boldsymbol{A}=\frac{\mu}{4\pi}\int_{V'}\frac{\boldsymbol{J}\mathrm{d}V'}{R} \tag{4-51}$$

相应于面电流和线电流，式(4-49)的解可分别表示为

$$\boldsymbol{A}=\frac{\mu}{4\pi}\int_{l'}\frac{I\mathrm{d}\boldsymbol{l}'}{R} \tag{4-52A}$$

$$\boldsymbol{A}=\frac{\mu}{4\pi}\int_{S'}\frac{\boldsymbol{K}\mathrm{d}S}{R} \tag{4-52B}$$

2）磁位满足的微分方程

在各向同性的线性媒质中，将 $\boldsymbol{B}=\mu\boldsymbol{H}$、$\boldsymbol{H}=-\nabla\varphi_{\mathrm{m}}$ 代入 $\nabla\cdot\boldsymbol{B}=0$ 得

$$\nabla\cdot(\mu\nabla\varphi_{\mathrm{m}})=0$$

利用恒等式 $\nabla\cdot(\mu\nabla\varphi_{\mathrm{m}})=\nabla\mu\cdot\nabla\varphi_{\mathrm{m}}+\mu\nabla\cdot\nabla\varphi_{\mathrm{m}}$，上式成为

$$\nabla\mu\cdot\nabla\varphi_{\mathrm{m}}+\mu\nabla\cdot\nabla\varphi_{\mathrm{m}}=0$$

若媒质均匀，即 $\nabla\mu=0$，于是得到磁位满足的微分方程为

$$\nabla^2\varphi_{\mathrm{m}}=0 \tag{4-53}$$

上式即为磁位满足的拉普拉斯方程。

4.5.2 恒定磁场的边值问题

与静电场相似，恒定磁场的边界条件也可以分为三类，并且必须遵循自然边界条件。若媒质不均匀，在不同媒质的分界面上场量还必须满足衔接条件。所以，恒定磁场的边值问题也可以分为三类，其求解过程与静电场相同。

例 4-7 空气中一长载流圆柱导体半径为 a，导体中沿 z 轴方向的电流强度为 I 且分布均匀，求导体内外的磁矢位和磁感应强度。

解：根据电流的分布，采取圆柱坐标系，设导体内外的磁矢位分别为 $\boldsymbol{A}_1$ 和 $\boldsymbol{A}_2$，则磁矢位只有 z 方向的分量，且仅与径向分量 ρ 有关。导体中的电流密度为 $J=I/(\pi a^2)$，导体

内外磁矢位满足的方程为

$$\nabla^2 A_1=\frac{1}{\rho}\frac{\mathrm{d}}{\mathrm{d}\rho}\left(\rho\frac{\mathrm{d}A_1}{\mathrm{d}\rho}\right)=-\frac{\mu_0 I}{\pi a^2}\quad(\rho\leqslant a)$$

$$\nabla^2 A_2=\frac{1}{\rho}\frac{\mathrm{d}}{\mathrm{d}\rho}\left(\rho\frac{\mathrm{d}A_2}{\mathrm{d}\rho}\right)=0\quad(\rho>a)$$

两个微分方程的通解分别为

$$A_1=-\frac{\mu_0 I}{4\pi a^2}\rho^2+C_1\ln\rho+C_2$$

$$A_2=C_3\ln\rho+C_4$$

当 $\rho\to 0$ 时，磁矢位应为有限值，因此有 $C_1=0$。设 $\rho=0$ 处为磁矢位的参考点，则 $C_2=0$。于是，通解变为

$$A_1=-\frac{\mu_0 I}{4\pi a^2}\rho^2,\quad A_2=C_3\ln\rho+C_4$$

根据边界衔接条件

$$A_1(a)=A_1(a),\quad \left.\frac{\mathrm{d}A_1}{\mathrm{d}\rho}\right|_{\rho=a}=\left.\frac{\mathrm{d}A_2}{\mathrm{d}\rho}\right|_{\rho=a}$$

得到

$$C_3=-\frac{\mu_0 I}{2\pi},\quad C_4=-\frac{\mu_0 I}{4\pi a^2}+\frac{\mu_0 I}{2\pi}\ln a$$

于是

$$A_2=-\frac{\mu_0 I}{2\pi}\ln\rho-\frac{\mu_0 I}{4\pi a^2}+\frac{\mu_0 I}{2\pi}\ln a$$

因此，导体内外的磁矢位分别为

$$\boldsymbol{A}_1=-\frac{\mu_0 I}{4\pi a^2}\rho^2\boldsymbol{e}_z$$

$$\boldsymbol{A}_2=\left(-\frac{\mu_0 I}{2\pi}\ln\rho-\frac{\mu_0 I}{4\pi a^2}+\frac{\mu_0 I}{2\pi}\ln a\right)\boldsymbol{e}_z$$

根据 $\boldsymbol{B}=\nabla\times\boldsymbol{A}$，得到

$$\boldsymbol{B}_1=\frac{\mu_0 I\rho}{2\pi a^2}\boldsymbol{e}_\phi$$

$$\boldsymbol{B}_2=\frac{\mu_0 I}{2\pi\rho}\boldsymbol{e}_\phi$$

4.6 镜像法

恒定磁场边值问题同样可以采用一种间接解法——镜像法求解。它的求解过程是将不均匀媒质看作均匀媒质，用待求区域以外简单的电流分布来代替区域内磁化电流分布。由于假定的镜像电流在待求区域之外，所以能够使待求区域内位函数满足的方程保持不变，只要镜像电流与实际电流能够满足边界条件，根据唯一性定理，所求得的恒定磁场的解就是正确的。下面以载流导线在无限大媒质平面的成像来介绍镜像法的求解过程。

如图 4.10 所示，有磁导率分别为 μ_1、μ_2 的两种媒质，其分界面为无限大的平面。媒质 1 有一无限长且平行于分界面的载流导线，导线中的电流强度为 I，求两种媒质中的磁场的分布。

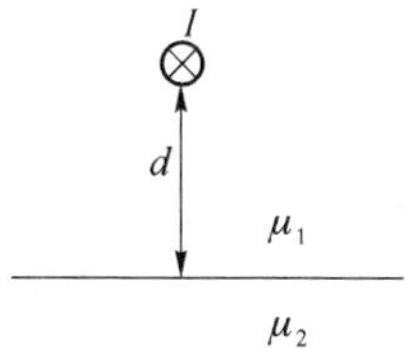

图 4.10　磁导率分别为 μ_1、μ_2 的两种媒质

在此问题中，如果假设两个区域磁位的分布分别为 φ_{m1} 和 φ_{m2}，则两个区域内

（1）除载流导线所处的位置以外，应当有$\nabla^2\mathbf{A}_1=0$，$\nabla^2\mathbf{A}_2=0$；

（2）在两种媒质的分界面上，应当有 $H_{1t}=H_{2t}$，$B_{1n}=B_{2n}$。

与静电场类似，欲求上半空间的磁场，将整个空间看作充满磁导率为 μ_1 的媒质，用电流 I'来代替媒质 1 表面的磁化电流，如图 4.11(a)所示，上半空间的磁场可以认为是由 I 和 I'共同激发的。同样，欲求下半空间的磁场，将整个空间看作充满磁导率为 μ_2 的媒质，如图 4.11(b)所示，下半空间的磁场可以认为是由 I''激发的。由于 I'和 I''位于待求区域之外，所以位函数满足原来的微分方程。因此，如果能够得到两个镜像电流的大小，则空间中场的分布便可确定。下面根据分界面上的衔接条件确定 I'和 I''。

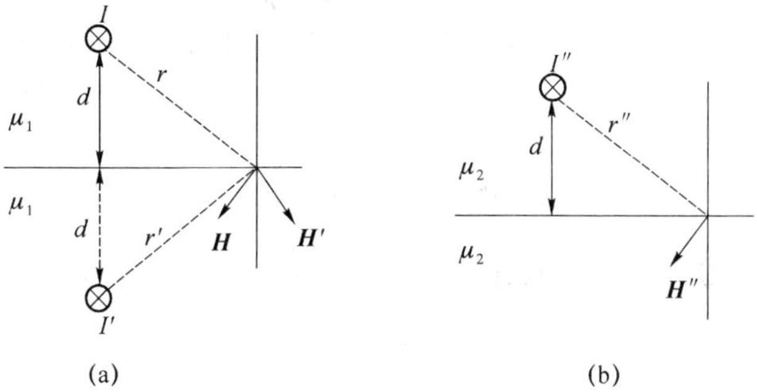

图 4.11　磁场镜像法

根据 $H_{1t}=H_{2t}$，$B_{1n}=B_{2n}$ 有

$$H_t-H_t'=H_t''$$

$$\mu_1 H_n+\mu_1 H_n'=\mu_2 H_n''$$

可以得到

$$\frac{I}{2\pi r}\cos\alpha-\frac{I'}{2\pi r'}\cos\alpha=\frac{I''}{2\pi r''}\cos\alpha$$

$$\frac{\mu_1 I}{2\pi r}\cos\alpha+\frac{\mu_1 I'}{2\pi r'}\cos\alpha=\frac{\mu_2 I''}{2\pi r''}\cos\alpha$$

式中，α 为 $\boldsymbol{H}$，$\boldsymbol{H}'$，$\boldsymbol{H}''$与法线的夹角。在分界面的同一位置有

$$r=r'=r''$$

因此，有

$$I-I'=I''$$

$$\mu_1(I+I')=\mu_2 I''$$

由上两式，可得

$$I'=\frac{\mu_2-\mu_1}{\mu_2+\mu_1}I \tag{4-54}$$

$$I''=\frac{2\mu_1}{\mu_2+\mu_1}I \tag{4-55}$$

须指出的是，图中 I' 和 I'' 的方向均和 I 的方向一致，由式(4-54)、式(4-55)可知，I'' 总是与 I 的方向相同，I' 的方向视两种媒质磁导率的大小而定。下面就两种特殊情况进行讨论。

若第一种媒质是空气，第二种媒质是铁磁类物质，电流位于空气中，因 $\mu_2\gg\mu_0$（$\mu_1=\mu_0$），由式(4-54)、式(4-55)，得

$$I'=\frac{\mu_2-\mu_1}{\mu_2+\mu_1}I\approx I$$

$$I''=\frac{2\mu_1}{\mu_2+\mu_1}I\approx 0$$

此时，铁磁类媒质中磁场强度处处为零，但是磁感应强度不为零，因为

$$B_2=\mu_2 H_2=\mu_2\ \frac{I''}{2\pi r}=\mu_2\left(\frac{2\mu_0}{\mu_2+\mu_0}I\right)\frac{1}{2\pi r}=\frac{\mu_0 I}{\pi r}$$

若第一种媒质是铁磁类物质，第二种媒质是空气，即 $\mu_1>>\mu_2$（$\mu_2=\mu_0$），这时

$$I'=\frac{\mu_0-\mu_1}{\mu_0+\mu_1}I\approx -I$$

$$I''=\frac{2\mu_1}{\mu_0+\mu_1}I\approx 2I$$

这说明此时空气中的磁感应强度与整个空间都充满空气相比增大了一倍(设两种情况下导线中的电流强度相等)。

4.7 电　　感

电感是电路的基本参数。在直流情况下，电感的大小反映载流系统储存能量的能力，电感的变化反映载流系统所受磁场力的大小。在时变电流的情况下，电感的大小反映载流系统内或邻近载流系统中产生电动势的能力，它与电容、电阻共同决定电路的瞬变过程、电磁振荡特性，以及功率因数的大小。

电感分为自感和互感，下面讲述电感的基本概念和计算方法。

4.7.1 自感

在线性媒质中，一个回路在空间任意一点产生的磁感应强度与电流成正比，因而穿过任意固定回路的磁通量 ψ 也与电流成正比。与回路电流 I 交链的磁通量 ψ 称为回路电流 I 的磁通链，用 Φ 表示，Φ 与 I 的比值为

$$L=\frac{\Phi}{I} \tag{4-56}$$

则 L 称为自感系数，简称自感。在 SI 单位制中，自感的单位为亨(H)。在线性媒质中，单个回路的电感仅与回路的形状及尺寸有关，与回路中的电流无关。注意，磁通链与磁通量

不同，磁通链是指与电流交链的磁通量。若交链 N 次，则磁通链增加 N 倍；若部分交链，则必须乘以适当的系数。例如，一个回路是由 N 匝导线绕成的，并且可以近似认为处于同一位置，则 $\Phi=N\psi$。所以，由 N 匝导线绕成回路的自感为

$$L=\frac{\Phi}{I}=\frac{N\psi}{I} \tag{4-57}$$

4.7.2 互感

若空间存在两个回路，如图 4.12 所示。与回路电流 I_1 交链的磁通链由两部分磁通构成，其一是由 I_1 本身产生的磁通量形成的磁通链 Φ_{11}，另一部分是电流 I_2 在回路 l_1 中产生的磁通形成的磁通链 Φ_{12}。

同理，与回路电流 I_2 交链的磁通链 Φ_2 也由两部分组成，即 I_2 自身电流产生的磁通链 Φ_{22}和电流 I_1 在回路 l_2 中产生的磁通链 Φ_{21}，则穿过两个回路的磁通链分别为

$$\Phi_1=\Phi_{11}+\Phi_{12} \tag{4-58A}$$

$$\Phi_2=\Phi_{21}+\Phi_{22} \tag{4-58B}$$

若周围媒质是线性的，则比值$\dfrac{\Phi_{11}}{I_1}$、$\dfrac{\Phi_{12}}{I_2}$、$\dfrac{\Phi_{22}}{I_2}$、$\dfrac{\Phi_{21}}{I_1}$均为常数，令

$$L_{11}=\frac{\Phi_{11}}{I_1},\quad L_{22}=\frac{\Phi_{22}}{I_2} \tag{4-59}$$

$$M_{12}=\frac{\Phi_{12}}{I_2},\quad M_{21}=\frac{\Phi_{21}}{I_1} \tag{4-60}$$

上两式中，L_{11}、L_{22}称为回路 l_1、l_2 的自感，M_{21}称为回路 l_1 对回路 l_2 的互感，M_{12}称为回路 l_2 对回路 l_1 的互感。将式(4-59)、式(4-60)代入式(4-58)得到

$$\Phi_1=L_{11}I_1+M_{12}I_2 \tag{4-61A}$$

$$\Phi_2=L_{22}I_2+M_{21}I_1 \tag{4-61B}$$

可以证明，在线性均匀媒质中有

$$M_{12}=M_{21}=M \tag{4-62}$$

须指出的是，自感始终为正值；互感可正、可负，其正负取决于两个回路中电流的方向。

例 4-8 如图 4.13 所示，计算无限长直导线与矩形线圈之间的互感。

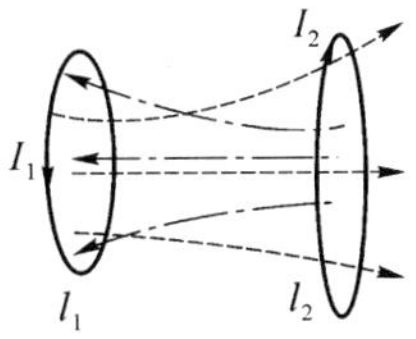

图 4.12 两回路电流产生的磁通链

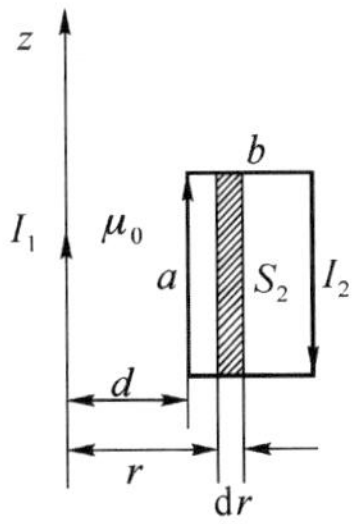

图 4.13 无限长直导线与矩形线圈之间的互感

解：在圆柱坐标系中，无限长直导线在空间产生的磁感应强度为

$$\boldsymbol{B}=\frac{\mu_0 I_1}{2\pi r}\boldsymbol{e}_\varphi$$

与矩形线圈交链的磁通链 Φ_{21} 为

$$\Phi_{21} = \int_S \boldsymbol{B} \cdot \mathrm{d}\boldsymbol{S} = \frac{\mu_0 I_1 a}{2\pi}\int_d^{d+b} \frac{1}{r}\mathrm{d}r = \frac{\mu_0 I_1 a}{2\pi}\ln\left(\frac{d+b}{d}\right)$$

得到两个电流之间的互感为

$$M=\frac{\Phi_{21}}{I_1}=\frac{\mu_0 a}{2\pi}\ln\left(\frac{d+b}{d}\right)$$

4.8 磁场的能量

当穿过闭合回路的磁通量发生变化时，回路中就会产生感生电动势，从而产生感生电流。根据法拉第电磁感应定律，感应电动势总是阻止引起变化的原因。因此，在回路电流的建立过程中，为了克服感应电动势的影响，以便电流达到一定的数值，外源须做功。若回路中的电流变化非常缓慢，可以不考虑辐射损失，则外源输出的能量全部储藏在回路电流产生的磁场中。这种能量转换说明，磁场在回路中产生电流，而外源又向磁场提供能量。由此可见，磁场具有能量。下面根据外源在电流（或磁场）建立过程中所做的功来计算磁场的能量。

设有两个回路 l_1、l_2 组成的系统，两个回路电流的初始值均为零，最终值分别为 I_1 和 I_2。假定分两步完成两个回路中的电流由零变为 I_1 和 I_2。第一步，保持回路 l_2 中的电流为零，令回路 l_1 中的电流自零开始，以微小增量 $\mathrm{d}i_1$ 由零增加至 I_1；第二步，保持回路 l_1 中的电流为 I_1，回路 l_2 中的电流由零开始，以微小增量 $\mathrm{d}i_2$ 由零增加至 I_2。在这两步过程中，外源提供的能量分别为

$$W_1=\frac{1}{2}L_1 I_1^2,\quad W_2=MI_1 I_2+\frac{1}{2}L_2 I_2$$

式中，L_1、L_2 和 M 分别为两个回路的自感和互感。因此，在电流（或磁场）建立的过程中外源提供的能量为

$$W=\frac{1}{2}(L_1 I_1+MI_2)I_1+\frac{1}{2}(L_2 I_2+MI_1)I_2 =\frac{1}{2}\Phi_1 I_1+\frac{1}{2}\Phi_2 I_2 \tag{4-63}$$

式中，Φ_1 和 Φ_2 分别代表两个回路的磁通链。将上述结果推广到含有 N 个回路的系统，可以得到系统的储能为

$$W = \frac{1}{2}\sum_{i=1}^{N}\Phi_i I_i \tag{4-64}$$

根据式(4-64)，若已知各个回路的电流及磁通链，即可计算这些回路共同产生磁场的能量。

磁场的能量来源于电流回路建立过程中外源所作的功，但它并不是只存在于电流回路内，而是分布于磁场所在的整个空间中。为了更清楚地表明这一特点，下面寻找磁场能

量 W_m 与场量 $\boldsymbol{B}$、$\boldsymbol{H}$ 的关系。在 N 个电流回路(设它们都是单匝的)的磁场中,第 k 号回路的磁链可表示为

$$\Phi_k = \int_{S_k} \boldsymbol{B} \cdot d\boldsymbol{S} = \oint_{lk} \boldsymbol{A} \cdot d\boldsymbol{l}$$

代入式(4-64),得到

$$W = \frac{1}{2}\sum_{k=1}^{N} \Phi_i \oint_{lk} I_k \boldsymbol{A} \cdot d\boldsymbol{l} \tag{4-65}$$

用更为普遍的元电流 $\boldsymbol{J}dV$ 代替上式中的线电流元 $Id\boldsymbol{l}$,同时将线积分化为体积分,并将体积分范围扩大到包含所有载流回路,上式可改写为

$$W = \frac{1}{2}\int_V \boldsymbol{A} \cdot \boldsymbol{J} dV \tag{4-66}$$

式中,V 为体分布的电流 $\boldsymbol{J}$ 所占的体积。

根据 $\boldsymbol{J}=\nabla \times \boldsymbol{H}$,得到

$$W = \frac{1}{2}\int_V \boldsymbol{A} \cdot \nabla \times \boldsymbol{H} dV$$

利用矢量恒等式 $\boldsymbol{A} \cdot \nabla \times \boldsymbol{H} = \boldsymbol{H} \cdot \nabla \times \boldsymbol{A} + \nabla \cdot (\boldsymbol{H} \times \boldsymbol{A})$,上式可写为

$$W = \frac{1}{2}\int_V \nabla \cdot (\boldsymbol{H} \times \boldsymbol{A}) dV + \frac{1}{2}\int_V \boldsymbol{H} \cdot \nabla \times \boldsymbol{A} dV$$

利用散度定理,上式的第一项为

$$\frac{1}{2}\int_V \nabla \cdot (\boldsymbol{H} \times \boldsymbol{A}) dV = \frac{1}{2}\oint_S \boldsymbol{H} \times \boldsymbol{A} \cdot d\boldsymbol{S}$$

S 为包围体积 V 的面积。当电流分布在有限区域,而将 S 取得很大时,$H \propto \frac{1}{r^2}$、$A \propto \frac{1}{r}$、$S \propto r^2$,所以 $r \to \infty$ 的项应当等于零,因此

$$W = \frac{1}{2}\int_V \boldsymbol{H} \cdot \nabla \times \boldsymbol{A} dV = \frac{1}{2}\int_V \boldsymbol{H} \cdot \boldsymbol{B} dV \tag{4-67}$$

式中,V 为磁场所占据的整个空间。与静电场类似,定义磁场能量的体密度

$$w_m = \frac{1}{2}\boldsymbol{H} \cdot \boldsymbol{B} \tag{4-68}$$

在各向同性的线性媒质中有

$$w_m = \frac{1}{2}\mu H^2 = \frac{B^2}{2\mu} \tag{4-69}$$

例 4-9 求长度为 l、内外导体半径分别为 a 和 b(外导体很薄)的同轴电缆,通有电流 I 时,电缆所具有的磁场能量(设两导体间媒质的磁导率为 μ)。

解:由安培环路定理可以得到磁场的分布为

$$\boldsymbol{H} = \begin{cases} \frac{\rho I}{2\pi a^2}\boldsymbol{e}_\rho & (\rho < a) \\ \frac{I}{2\pi a^2}\boldsymbol{e}_\rho & (a < \rho < b) \\ 0 & (\rho > b) \end{cases}, \quad \boldsymbol{B} = \begin{cases} \frac{\mu \rho I}{2\pi a^2}\boldsymbol{e}_\rho & (\rho < a) \\ \frac{\mu I}{2\pi a^2}\boldsymbol{e}_\rho & (a < \rho < b) \\ 0 & (\rho > b) \end{cases}$$

$$W=\frac{1}{2}\int_V \boldsymbol{H}\cdot\boldsymbol{B}\mathrm{d}V=\frac{1}{2}\left(\int_0^a \frac{\rho I}{2\pi a^2}\cdot\frac{\mu\rho I}{2\pi a^2}\cdot l2\pi\rho\mathrm{d}\rho+\int_0^a \frac{I}{2\pi\rho}\cdot\frac{\mu I}{2\pi\rho}\cdot l2\pi\rho\mathrm{d}\rho\right)$$

$$=\frac{\mu}{2}\frac{I^2 l}{4\pi^2}\left(\int_0^a \frac{\rho^3}{a^4}2\pi\mathrm{d}\rho+\int_a^b 2\pi\frac{\mathrm{d}\rho}{\rho}\right)$$

$$=\frac{\mu I^2 l}{4\pi}\left[\frac{1}{4}+\ln\left(\frac{b}{a}\right)\right]$$

小　结

1. 从安培力实验定律出发，定义在真空或均匀介质中一个回路产生的磁感应强度 $\boldsymbol{B}$ 为

$$\boldsymbol{B}=\frac{\mu_0}{4\pi}\int_{l'}\frac{I\mathrm{d}\boldsymbol{l}'\times(\boldsymbol{r}-\boldsymbol{r}')}{|\boldsymbol{r}-\boldsymbol{r}'|^3}$$

上式是一个线电流回路所引起磁感应强度的毕奥-萨法尔定律，对于体电流、面电流的毕奥-萨法尔定律具有类似的形式，分别为

$$\boldsymbol{B}=\frac{\mu_0}{4\pi}\int_{V'}\frac{\boldsymbol{J}\mathrm{d}V'\times(\boldsymbol{r}-\boldsymbol{r}')}{|\boldsymbol{r}-\boldsymbol{r}'|^3}$$

$$\boldsymbol{B}=\frac{\mu_0}{4\pi}\int_{S'}\frac{\boldsymbol{K}\mathrm{d}S\times(\boldsymbol{r}-\boldsymbol{r}')}{|\boldsymbol{r}-\boldsymbol{r}'|^3}$$

2. 媒质的磁化用磁化强度 $\boldsymbol{M}$ 来表示，定义为单位体积内磁偶极子磁矩的矢量和：

$$\boldsymbol{M}=\lim_{\Delta V\to 0}\frac{\sum_i \boldsymbol{m}}{\Delta V}$$

$$\boldsymbol{J}_{\mathrm{m}}=\nabla\times\boldsymbol{M}$$

磁化电流的面密度和磁化电流线密度分别为

$$\boldsymbol{J}_{\mathrm{m}}=\nabla\times\boldsymbol{M},\quad \boldsymbol{K}_{\mathrm{m}}=\boldsymbol{M}\times\boldsymbol{e}_n$$

3. 磁场强度 $\boldsymbol{H}$ 与磁感应强度 $\boldsymbol{B}$ 之间的关系为

$$\boldsymbol{H}=\frac{\boldsymbol{B}}{\mu_0}-\boldsymbol{M}$$

在各向同性线性媒质中，有

$$\boldsymbol{M}=\chi_{\mathrm{m}}\boldsymbol{H},\quad \boldsymbol{B}=\mu\boldsymbol{H}$$

4. 恒定磁场基本方程的积分和微分形式。

(1) 磁通连续原理：闭合曲面磁感应强度的通量为零，即

$$\oint_S \boldsymbol{B}\cdot\mathrm{d}\boldsymbol{S}=0,\quad \nabla\cdot\boldsymbol{B}=0$$

(2) 安培环路定律：磁场强度沿闭合路径的积分等于该回路所包围传导电流的代数和，即

$$\oint_L \boldsymbol{H}\cdot\mathrm{d}\boldsymbol{l}=I,\quad \nabla\times\boldsymbol{H}=\boldsymbol{J}$$

5. 由于恒定磁场的无散性，引入磁矢位 $\boldsymbol{A}$ 来进行辅助计算，磁矢位 $\boldsymbol{A}$ 定义为

$$\boldsymbol{B}=\nabla\times\boldsymbol{A},\quad \nabla\cdot\boldsymbol{A}=0\text{（库仑规范条件）}$$

6. 在传导电流为零的区域，可以定义磁标位 φ_m 为

$$\boldsymbol{H}=-\nabla\varphi_m$$

磁标位 φ_m 也满足拉普拉斯方程：$\nabla^2\varphi_m=0$。

7. 在不同介质的分界面所满足的衔接条件为

$$H_{1t}-H_{2t}=K,\quad B_{1n}=B_{2n}$$

用磁标位表示为

$$\varphi_{m1}=\varphi_{m2},\quad \frac{1}{\mu_1}\frac{\partial\varphi_{m1}}{\partial n}=\frac{1}{\mu_2}\frac{\partial\varphi_{m2}}{\partial n}$$

8. 磁场也具有能量，根据外源在电流（或磁场）建立过程中所做的功，可以计算磁场的能量。对于含有 N 个回路的系统，可以得到系统的储能为

$$W=\frac{1}{2}\sum_{i=1}^{N}\Phi_i I_i$$

用 $\boldsymbol{B}$ 和 $\boldsymbol{H}$ 来表示磁场能量的计算公式为

$$W_m=\frac{1}{2}\int_V \boldsymbol{H}\cdot\boldsymbol{B}\mathrm{d}V$$

定义磁场中任意一点的能量密度为

$$w_m=\frac{1}{2}\boldsymbol{H}\cdot\boldsymbol{B}$$

习　题

4-1　有一正 n 边形线圈，流过电路 I。试证：

(1) 线圈中心处的磁感应强度为 $\boldsymbol{B}=\frac{\mu_0 nI}{2\pi a}\cdot\tan\frac{\pi}{n}\cdot\boldsymbol{e}_E$（其中 a 是正 n 边形外接圆半径）；

(2) 当 $n\to\infty$ 时，$\boldsymbol{B}=\frac{\mu_0 I}{2a}\boldsymbol{e}_E$。

4-2　一圆形导线回路的电流与一正方形导线回路的电流相同，它们的中心点上的 B 也相同。假设正方形回路的边长为 $2a$，求圆形回路的半径。

$\left(\text{答案：}R=\frac{\pi a}{2\sqrt{2}}\right)$

4-3　分别求出题 4-3 图中各种形状的线电流在真空中 P 点所产生的磁感应强度。

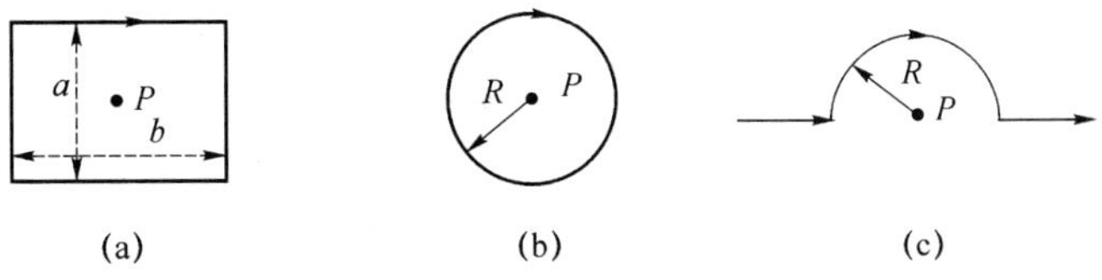

题 4-3 图

4-4　两平行放置无限长直导线分别通有电流 I_1 和 I_2，它们之间距离为 d。分别求

两导线单位长度所受的力。

4-5　真空中载流长直导线旁有一等边三角形回路，如题 4-5 图所示，求通过三角形回路的磁通量。

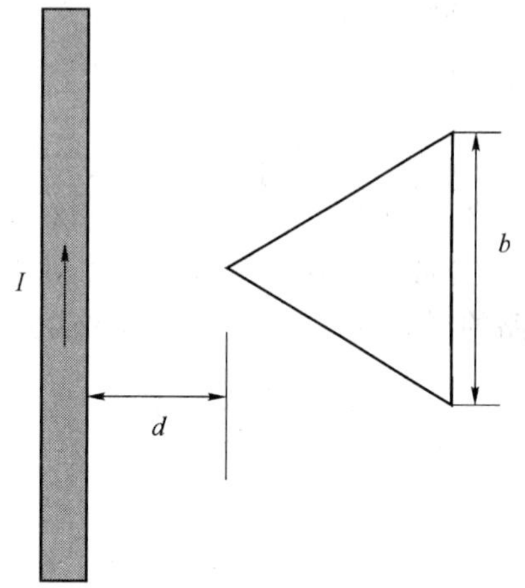

题 4-5 图

4-6　下面的矢量函数哪些可能是磁场的矢量？如是，求电流分布（C 为常数）。

(1) $\boldsymbol{B}=\boldsymbol{a}_r Cr$（圆柱坐标系）；(2) $\boldsymbol{B}=-\boldsymbol{a}_x Cy+\boldsymbol{a}_y Cx$；(3) $\boldsymbol{B}=\boldsymbol{a}_\varphi Cr$（圆柱坐标系）。

$\left(\text{答案：(1)不是磁场矢量；(2)是磁场矢量，}J=\dfrac{2C}{\mu_0}\boldsymbol{a}_z\text{；(3)是磁场矢量，}J=\dfrac{2C}{\mu_0}\boldsymbol{a}_z\right)$

4-7　一半径为 a 的长直圆柱形导体被一同样长度的同轴圆筒导体所包围，圆筒半径为 b，圆柱导体和圆筒载有相反方向电流 I。求圆筒内外的磁感应强度（导体和圆筒内外导磁媒质的磁导率均为 μ_0）。

4-8　无限长载流导线垂直于磁导率分别为 μ_1 和 μ_2 的两种磁介质交界面，载流导线通电流 I，如题 4-8 图所示。试求两种介质中的磁通密度矢量 $\boldsymbol{B}_1$ 和 $\boldsymbol{B}_2$。

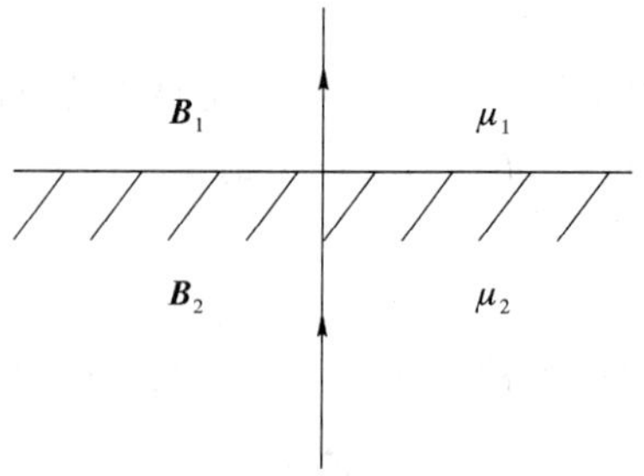

题 4-8 图

4-9　有一半径为 a 的长直圆柱形导体，通有电流密度 $\boldsymbol{J}=J_0\dfrac{\rho}{a}\boldsymbol{e}_z$ 的恒定电流（圆柱导体的轴线沿 z 轴方向）。试求导体内外的磁场强度 $\boldsymbol{H}$。

4-10　设半径为 a 的均匀带电圆盘的电荷面密度为 ρ_s，若圆盘绕其轴线以角速度 ω 旋转，试求轴线上任一点磁通密度。

$\left(\text{答案}:\boldsymbol{B}=\boldsymbol{e}_z\dfrac{\mu_0\rho_S\omega}{2}\left(\dfrac{a^2+2z^2}{\sqrt{a^2+z^2}}-2z\right)\right)$

4-11 在 $\mu_1=1500\mu_0$ 和 $\mu_2=\mu_0$ 两种导磁媒质分界面一侧的磁感应强度 $B_1=1.5\text{T}$，与法线方向的夹角为 35°。求分界面另一侧的磁感应强度的大小及它与法线方向的夹角 θ_2。

4-12 已知在 $z>0$ 区域中 $\mu_{r1}=4$，在 $z<0$ 区域中 $\mu_{r1}=1$。设在 $z>0$ 处 $\boldsymbol{B}$ 是均匀的，其方向为 $\theta=60°$，$\varphi=45°$，量值为 $1\ \text{Wb/m}^2$。试求 $z<0$ 处的 $\boldsymbol{B}$ 和 $\boldsymbol{H}$。

4-13 证明在磁化强度分别为 M_1 和 M_2 两种不同媒质的分界面上，磁化电流面密度为 $\boldsymbol{J}_{sm}=n\times(\boldsymbol{M}_1-\boldsymbol{M}_2)$，其中，$n$ 为界面上由媒质 2 指向媒质 1 的法向单位矢量。

4-14 半径为 a、长度为 l 的圆柱被永久磁化到磁化强度为 M_0e_z（z 轴就是圆柱的轴线）。

(1) 求沿轴各处的 $\boldsymbol{B}$ 和 $\boldsymbol{H}$；

(2) 求远离圆柱（$\rho\gg a,\rho\gg l$）处的磁场。

4-15 在恒定磁场中，已知磁矢位在圆柱坐标中的表达式为

$$A_z=\begin{cases}-\dfrac{\mu I}{4\pi\rho_0^2}\rho^2, & \rho\leqslant\rho_0\\ \dfrac{\mu I}{2\pi}\left[\ln\left(\dfrac{\rho_0}{\rho}\right)-\dfrac{1}{2}\right], & \rho>\rho_0\end{cases}$$

试求 $\boldsymbol{H}$ 的分布。

4-16 求如题 4-16 图所示两同轴导体壳系统中储存的磁场能量及自感。

4-17 $z=0$ 的平面将空气同铁块分离。如果空气中（$z>0$）的 $\boldsymbol{B}_1=4\boldsymbol{e}_x-6\boldsymbol{e}_y+8\boldsymbol{e}_z$，求铁块（$z<0$）中的 $\boldsymbol{B}_2$（$\mu=5000\mu_0$）。

4-18 在磁导率 $\mu=7\mu_0$ 的无限大导磁媒质中，距媒质分界面 2 cm 处有一载流为 10 A的长直细导线。试求媒质分界面另一侧（空气）中距分界面 1 cm 处 P 点的磁感应强度 $\boldsymbol{B}$。

4-19 在某一区域中若磁矢位 $\mathbf{A}=5x^3\boldsymbol{e}_x$，试求电流密度 $\boldsymbol{J}$ 的分布。

4-20 如题 4-20 图所示，求矩形通电线圈边长分别为 a、b 在其中心 P 点的磁感应强度。

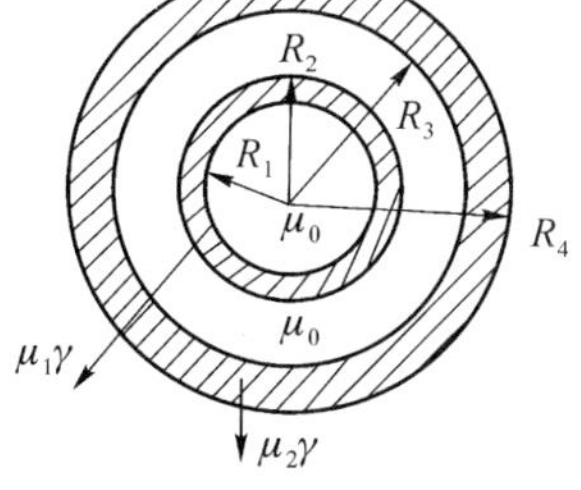

题 4-16 图

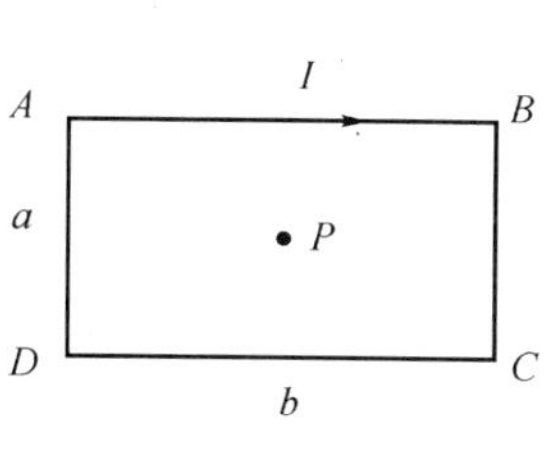

题 4-20 图

4-21 两平行放置无限长直导线分别通以电流 I_1 和 I_2，它们之间的距离为 d。分别求两导线单位长度上所受的磁场力。

4-22　如题4-22图所示,长密绕螺线管(单位长度 n 匝)通过的电流为 I,铁心的磁导率为 μ,面积为 S。求作用在它上面的力。

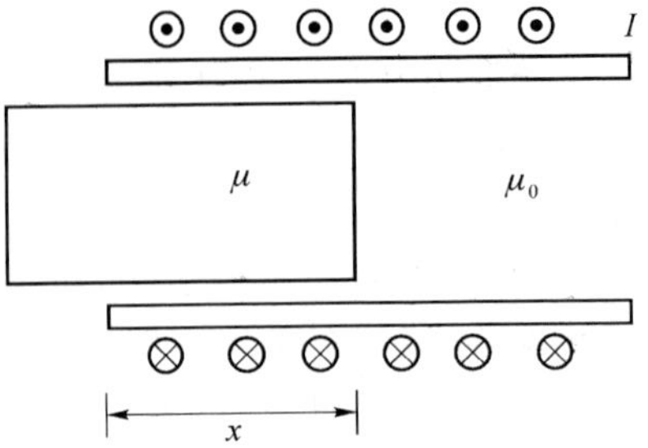

题4-22图

$\left(\text{答案}:F=\dfrac{1}{2}(\mu-\mu_0)SN^2I^2\right)$

4-23　已知在 $z>0$ 区域,$\mu_{r1}=4$,在 $z<0$ 区域 $\mu_{r2}=1$,设在 $z>0$ 处 B 是均匀的其方向为 $\theta=60°$,$\phi=45°$,量值为1T,求在 $z<0$ 处的 $\boldsymbol{B}$ 和 $\boldsymbol{H}$。

4-24　半径为 a 的长直实心圆柱导体通有均匀分布的电流 I;另有一个半径为 b 的长直薄导电圆柱筒壁厚度趋近于零,筒壁也通有均匀分布的电流 I,电流的方向均沿圆柱轴线方向。若要使两种情况下,单位长度储存的能量相等,试求这两个圆柱体半径之比。

第5章 时变电磁场

对恒定场的研究表明:静态电场仅由静止电荷产生,恒定磁场由恒定电流产生,它们之间互无影响。但是,当电荷或电流随时间变化时,将产生随时间变化的电场和磁场,称为时变电磁场,时变的电场和磁场彼此不再独立,而是互相激发,互相为源。本章对时变电磁场的基本方程——麦克斯韦方程组及其复数表示形式、时变电磁场在不同介质分界面上所遵循的规律——边界条件,以及电磁场能量守恒关系——坡印廷定理进行讨论,最后为方便时变电磁场的计算,引入动态位函数及其方程。

5.1 麦克斯韦方程

5.1.1 麦克斯韦第一方程——修正的安培环路定律和全电流连续方程

1873 年,麦克斯韦在研究时发现,对安培环路定律:

$$\nabla \times \boldsymbol{H}=\boldsymbol{J}$$

两边取散度,由于矢量旋度的散度恒等于 0,可得

$$\nabla \cdot \boldsymbol{J}=\nabla \cdot (\nabla \times \boldsymbol{H})=0$$

而电流连续方程为

$$\nabla \cdot \boldsymbol{J}=-\frac{\partial \rho}{\partial t}$$

显然$\nabla \cdot \boldsymbol{J}=0$只是电流连续方程$\nabla \cdot \boldsymbol{J}=-\frac{\partial \rho}{\partial t}$的特例,即安培环路定律$\nabla \times \boldsymbol{H}=\boldsymbol{J}$并不普遍成立,对于非静态的时变场$\left(\text{如电荷随时间变化}\frac{\partial \rho}{\partial t}\neq 0\right)$,必须对它进行修正。

在修正安培环路定律的过程中,麦克斯韦提出“位移电流”的概念,并将安培环路定律修正为

$$\nabla \times \boldsymbol{H}=\boldsymbol{J}+\boldsymbol{J}_{\mathrm{d}} \tag{5-1}$$

为确定新增项 $\boldsymbol{J}_{\mathrm{d}}$ 的意义和量值,对上式两边进行散度运算:

$$\nabla \cdot \boldsymbol{J}+\nabla \cdot \boldsymbol{J}_{\mathrm{d}}=\nabla \cdot (\nabla \times \boldsymbol{H})=0$$

可得

$$\nabla \cdot \boldsymbol{J}_d = -\nabla \cdot \boldsymbol{J} = \frac{\partial \rho}{\partial t}$$

上式虽然给出$\nabla \cdot \boldsymbol{J}_d$与时变电荷密度$\frac{\partial \rho}{\partial t}$的关系，却并没有直接确定出$\boldsymbol{J}_d$，因此麦克斯韦进一步假设高斯定理$\nabla \cdot \boldsymbol{D}=\rho$在时变场下仍然成立，即

$$\nabla \cdot \boldsymbol{J}_d = \frac{\partial \rho}{\partial t} = \frac{\partial \nabla \cdot \boldsymbol{D}}{\partial t} = \nabla \cdot \frac{\partial \boldsymbol{D}}{\partial t}$$

两边比较可得

$$\boldsymbol{J}_d = \frac{\partial \boldsymbol{D}}{\partial t} \tag{5-2}$$

即位移电流密度$\boldsymbol{J}_d$是电位移矢量$\boldsymbol{D}$对时间的变化率，它与传导电流密度$\boldsymbol{J}$具有相同的量纲（单位也是安培/平方米（$\mathrm{A/m^2}$））。

将式(5-2)代入式(5-1)，则可获得修正后的安培环路定律：

$$\nabla \times \boldsymbol{H} = \boldsymbol{J} + \frac{\partial \boldsymbol{D}}{\partial t} \tag{5-3}$$

上式称为麦克斯韦第一方程（微分形式），又称为广义安培环路定律。

麦克斯韦第一方程揭示一个新的物理内容：不但传导电流$\boldsymbol{J}$能够激发磁场，而且位移电流$\boldsymbol{J}_d$也能以同样的方式激发磁场。位移电流由随时间变化的电场形成，因此时变电场是时变磁场的“源”。

式(5-3)右边的矢量$\boldsymbol{J}+\frac{\partial \boldsymbol{D}}{\partial t}$称为全电流密度，两边取散度，得

$$\nabla \cdot \left(\boldsymbol{J} + \frac{\partial \boldsymbol{D}}{\partial t}\right) = 0 \tag{5-4}$$

式(5-4)称为全电流连续方程（微分形式）。

应用斯托克斯定理，则可获得麦克斯韦第一方程和全电流连续方程的积分形式：

$$\oint_l \boldsymbol{H} \cdot \mathrm{d}\boldsymbol{l} = \int_S \left(\boldsymbol{J} + \frac{\partial \boldsymbol{D}}{\partial t}\right) \cdot \mathrm{d}\boldsymbol{S} \tag{5-5}$$

$$\oint_S \left(\boldsymbol{J} + \frac{\partial \boldsymbol{D}}{\partial t}\right) \cdot \mathrm{d}\boldsymbol{S} = 0 \tag{5-6}$$

例 5-1 一个闭合面包含电容器的一个极板，如图 5.1 所示。证明：流入（或流出）封闭面的传导电流等于流出（或流入）该封闭面的位移电流。为简化问题，令平板电容器的d很小，面积很大，电容器中的电场均匀分布；给定电容器上的电压为$U=U_0\cos \omega t$，电容器填充空气介质。

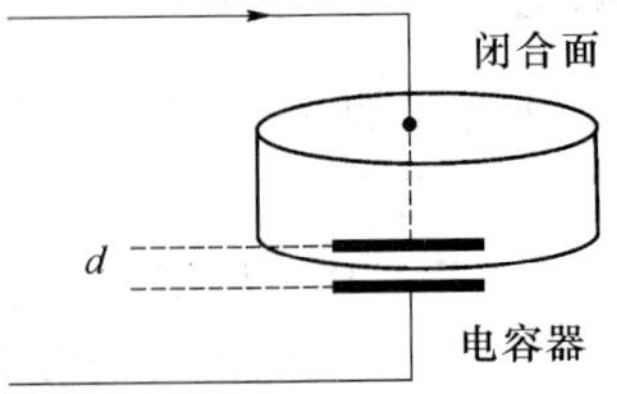

图 5.1 闭合面包含电容器的一个电极

解:通过该闭合面的传导电流为

$$i=\frac{\mathrm{d}q}{\mathrm{d}t}=C\frac{\mathrm{d}U}{\mathrm{d}t}=C\omega U_0\cos\omega t$$

由于电容器间的电场均匀分布,其值为

$$E=\frac{U}{d}=\frac{U_0}{d}\cos\omega t$$

因此,电容器中的位移电流密度为

$$J_{\mathrm{d}}=\frac{\partial D}{\partial t}=\varepsilon_0\frac{\partial E}{\partial t}=\varepsilon_0\omega\frac{U_0}{d}\cos\omega t$$

由于电容器极板面积很大,无边泄漏电流,则通过闭合面的总位移电流就是电容器中的总位移电流:

$$i_{\mathrm{d}}=J_{\mathrm{d}}S=\frac{\varepsilon_0 S}{d}\omega U_0\cos\omega t=C\omega U_0\cos\omega t$$

这就证明了通过封闭面的传导电流 i 等于通过该封闭面的位移电流 i_{d},它们不仅大小相等,而且一个若是流入封闭面,另一个一定是流出封闭面,从而符号时变场的全电流连续方程。

5.1.2 麦克斯韦第二方程——电磁感应定律的广义化

通过大量的实验现象,1831 年法拉第总结出电磁感应定律:闭合环路中的感应电动势 ξ 与穿过此环路的磁通随时间的变化率$\frac{\mathrm{d}\Phi_{\mathrm{m}}}{\mathrm{d}t}$成正比,其表示为

$$\xi=-\frac{\mathrm{d}\Phi_{\mathrm{m}}}{\mathrm{d}t}=-\frac{\mathrm{d}}{\mathrm{d}t}\int_S\boldsymbol{B}\cdot\mathrm{d}\boldsymbol{S} \tag{5-7}$$

这里规定感应电动势 ξ 的参考方向与穿过回路磁通 Φ_{m} 的参考方向符合右手螺旋关系,式中的 S 是由闭合环路周界所限定的面积,负号表示感应电动势 ξ 是阻止磁通变化的。

由式(5-7)可知,磁场 $\boldsymbol{B}$ 变化或环路运动都能改变穿过环路的磁通。若 $\boldsymbol{B}$ 随时间变化而闭合环路相对于媒质没有运动时,所产生的感应电动势称为感生电动势,这时式(5-7)可表示为

$$\xi=-\int_S\frac{\partial\boldsymbol{B}}{\partial t}\cdot\mathrm{d}\boldsymbol{S} \tag{5-8A}$$

若 $\boldsymbol{B}$ 不随时间变化(恒定磁场)而闭合环路的整体或局部相对于媒质运动时,所产生的感应电动势称为动生电动势,这时式(5-7)可表示为

$$\xi=\int_l(v\times\boldsymbol{B})\cdot\mathrm{d}\boldsymbol{l} \tag{5-8B}$$

若 $\boldsymbol{B}$ 随时间变化且闭合环路也运动时,这时所产生的感应电动势是感生电动势和动生电动势之和,即式(5-7)可表示为

$$\xi=-\int_S\frac{\partial\boldsymbol{B}}{\partial t}\cdot\mathrm{d}\boldsymbol{S}+\int_l(v\times\boldsymbol{B})\cdot\mathrm{d}\boldsymbol{l} \tag{5-8C}$$

由于电动势是非保守电场的环路线积分,环路中存在感应电动势说明环路中存在非保守电场,称为感应电场 $\boldsymbol{E}_{\mathrm{i}}$。

$$\xi = \oint_l \boldsymbol{E}_\mathrm{i} \cdot \mathrm{d}\boldsymbol{l}$$

另外,空间中还存在电荷产生的电场 $\boldsymbol{E}_\mathrm{q}$,但由于电荷电场 $\boldsymbol{E}_\mathrm{q}$ 是保守场,其环路积分为零 $\left(\oint_l \boldsymbol{E}_\mathrm{q} \cdot \mathrm{d}\boldsymbol{l} = 0\right)$,因此

$$\xi = \oint_l \boldsymbol{E}_\mathrm{i} \cdot \mathrm{d}\boldsymbol{l} = \oint_l (\boldsymbol{E}_\mathrm{q} + \boldsymbol{E}_\mathrm{i}) \cdot \mathrm{d}\boldsymbol{l} = \oint_l \boldsymbol{E} \cdot \mathrm{d}\boldsymbol{l} \tag{5-9}$$

式中,$\boldsymbol{E}$ 是电荷产生的电场 $\boldsymbol{E}_\mathrm{q}$ 和感应电场 $\boldsymbol{E}_\mathrm{i}$ 之和,即空间总电场。

对于闭合环路相对于媒质没有相对运动的情况,即磁通的变化仅由磁场 $\boldsymbol{B}$ 随时间的变化引起,联立式(5-8B)和式(5-9),得

$$\oint_l \boldsymbol{E} \cdot \mathrm{d}\boldsymbol{l} = -\int_S \frac{\partial \boldsymbol{B}}{\partial t} \cdot \mathrm{d}\boldsymbol{S} \tag{5-10}$$

这就是积分形式的麦克斯韦第二方程。

对上式应用斯托克斯定理,可得麦克斯韦第二方程的微分形式:

$$\nabla \times \boldsymbol{E} = -\frac{\partial \boldsymbol{B}}{\partial t} \tag{5-11}$$

麦克斯韦第二方程描述时变磁场产生时变电场的规律,说明时变磁场是时变电场的"源"。由麦克斯韦第一方程已知,时变电场也是时变磁场的"源",因此时变电场与时变磁场之间互相为源,互相激发,二者联系紧密。

5.1.3 麦克斯韦第三方程和第四方程

亥姆霍兹定理表明:要唯一地确定一个矢量,必须同时获得该矢量的旋度和散度。由麦克斯韦第一、第二方程已确定出时变电场和时变磁场的旋度,为完整地描述时变电场和时变磁场的宏观特性,还需要时变电场和时变磁场的散度,这就是麦克斯韦第三、第四方程:

$$\nabla \cdot \boldsymbol{B} = 0 \tag{5-12}$$

$$\oint_S \boldsymbol{B} \cdot \mathrm{d}\boldsymbol{S} = 0 \tag{5-13}$$

式(5-12)和式(5-13)即是麦克斯韦第三方程的微分和积分形式。麦克斯韦第三方程表明,时变磁场通过任意闭合面的通量为零,即磁通连续性在时变场中也成立。

$$\nabla \cdot \boldsymbol{D} = \rho \tag{5-14}$$

$$\oint_S \boldsymbol{D} \cdot \mathrm{d}\boldsymbol{S} = \int_V \rho \mathrm{d}V = q \tag{5-15}$$

式(5-14)和式(5-15)即是麦克斯韦第四方程的微分和积分形式。这里,$\boldsymbol{D}$、ρ、q 都是随时间变化的。虽然上式显示 $\boldsymbol{D}$ 的散度源只有时变电荷 ρ,但必须注意时变磁场也产生 $\boldsymbol{D}$,只是时变磁场的散度为零(麦克斯韦第三方程),最后只剩下时变电荷作为 $\boldsymbol{D}$ 的散度源。

至此获得描述宏观时变电磁场基本规律的一组方程,称为麦克斯韦方程组,其微分形式为

$$\left.\begin{aligned}\nabla\times\boldsymbol{H}&=\boldsymbol{J}+\frac{\partial\boldsymbol{D}}{\partial t}\\\nabla\times\boldsymbol{E}&=-\frac{\partial\boldsymbol{B}}{\partial t}\\\nabla\cdot\boldsymbol{B}&=0\\\nabla\cdot\boldsymbol{D}&=\rho\end{aligned}\right\}\tag{5-16}$$

其积分形式为

$$\left.\begin{aligned}&\oint_l\boldsymbol{H}\cdot\mathrm{d}\boldsymbol{l}=\int_S\left(\boldsymbol{J}+\frac{\partial\boldsymbol{D}}{\partial t}\right)\cdot\mathrm{d}\boldsymbol{S}\\&\oint_l\boldsymbol{E}\cdot\mathrm{d}\boldsymbol{l}=-\int_S\frac{\partial\boldsymbol{B}}{\partial t}\cdot\mathrm{d}\boldsymbol{S}\\&\oint_S\boldsymbol{B}\cdot\mathrm{d}\boldsymbol{S}=0\\&\oint_S\boldsymbol{D}\cdot\mathrm{d}\boldsymbol{S}=q\end{aligned}\right\}\tag{5-17}$$

麦克斯韦方程组的物理意义：

(1) 前两个方程是麦克斯韦方程的核心，表明时变电场和时变磁场互相激发。利用这两个方程，麦克斯韦推导出电磁场的波动方程，并预言时变电磁场可以脱离场源独立存在，在空间形成电磁波，电磁波的传播速度与光速相同。这一著名预言在1887年被德国物理学家赫兹(H. R. Hertz)用实验证实，并导致马可尼(G. Marconi)在1895年和波波夫(A. C. Popov)在1896年成功地进行无线电报传送实验，从而开创人类应用无线电波的新纪元。

(2) 麦克斯韦第三方程表明磁通的连续性，即空间的磁力线是一些无头无尾的闭合曲线。从物理意义上说，是空间不存在自由磁荷的结果，或者更严格地说，在人类研究所达到的区域中至今还没有发现自由磁荷。

(3) 麦克斯韦第四方程表明与静止电荷一样，高斯定理对时变电荷也成立，这说明电场是有通量源的场，其电力线起始于正电荷，终止于负电荷。

例5-2 已知无源的自由空间中 $\boldsymbol{E}=\boldsymbol{e}_xE_0\cos(\omega t-\beta z)$，其中 E_0、β 为常数。求空间任一点的磁感应强度 $\boldsymbol{B}$。

解：所谓无源，就是所研究区域内没有场源(电流和电荷)，即 $\boldsymbol{J}=0$，$\rho=0$。将 $\boldsymbol{E}=\boldsymbol{e}_xE_0\cos(\omega t-\beta z)$ 代入麦克斯韦第二方程，有

$$\frac{\partial\boldsymbol{B}}{\partial t}=-\nabla\times\boldsymbol{E}=-\boldsymbol{e}_yE_0\beta\sin(\omega t-\beta z)$$

将上式对时间 t 积分，若不考虑静态场，则有

$$\boldsymbol{B}=\int-\boldsymbol{e}_yE_0\beta\sin(\omega t-\beta z)\mathrm{d}t=\boldsymbol{e}_y\frac{E_0\beta}{\omega}\cos(\omega t-\beta z)$$

5.1.4 辅助方程

麦克斯韦方程组中的待求量包含5个矢量($\boldsymbol{E}$、$\boldsymbol{D}$、$\boldsymbol{B}$、$\boldsymbol{H}$、$\boldsymbol{J}$)和1个标量(ρ 或 q)，考虑到每个矢量有3个分量，这样共有16个待求的标量。但是，方程组中只有两个旋度方程

是独立的，每个旋度方程可以分解为 3 个标量方程，散度方程可由旋度方程加上电流连续方程$\nabla \cdot \boldsymbol{J}=-\frac{\partial \rho}{\partial t}$推导出来，因此基本方程组只能提供 7 个标量方程。显然，仅由麦克斯韦方程组无法求解出电磁场具体的分布，还须补充描述场与媒质间关系的三个方程。对于各向同性媒质，有

$$\left.\begin{aligned}\boldsymbol{D}&=\varepsilon\boldsymbol{E}\\\boldsymbol{B}&=\mu\boldsymbol{H}\\\boldsymbol{J}&=\gamma\boldsymbol{E}\end{aligned}\right\}\tag{5-18}$$

式(5-18)称为辅助方程或本构方程。式中，ε、μ、γ 分别是媒质的介电常数、磁导率和电导率。在真空(或空气)中，$\varepsilon=\varepsilon_0$、$\mu=\mu_0$、$\gamma=0$。$\gamma=0$ 的媒质称为理想介质，$\gamma\to\infty$ 的媒质称为理想导体，γ 介于两者之间的媒质统称为导电媒质。

这 3 个辅助方程每个又分解为 3 个，共 9 个标量方程，与上面基本方程组提供的 7 个标量方程，保证与待求量数目一致，从而使电磁场问题可以求解。

5.2 时变电磁场的边界条件

5.2.1 一般情况

利用麦克斯韦方程组加上辅助方程，原则上可以解决各种宏观电磁场问题。但是，在实际问题中，空间往往存在几种不同的媒质，媒质参数的突变一般会引起场矢量的突变，因此须研究在媒质突变(不同媒质的交界)处，电场、磁场所遵循的规律，这就是边界条件。

考虑两种不同的媒质，ε_1 和 μ_1 分别表示第一种媒质的介电常数和磁导率，ε_2 和 μ_2 分别表示第二种媒质的介电常数和磁导率。$\boldsymbol{e}_n$ 为分界面的法向单位矢量，其方向由媒质 1 指向媒质 2。时变电磁场边界条件的讨论方法与静态场(静电场、恒定磁场)的方法相同，即将基本方程积分形式(分界面处电磁场量不连续，使得微分方程不再适用)式(5-17)分别应用在跨越分界面的小矩形回路和小扁闭合柱面上，如图 2.13～图 2.14 和图 4.8～图 4.9 所示。在极限条件下，就可获得关于 $\boldsymbol{H}$ 和 $\boldsymbol{E}$ 切向分量、$\boldsymbol{B}$ 和 $\boldsymbol{D}$ 法向分量所满足的衔接条件为

$$\left.\begin{aligned}&H_{2t}-H_{1t}=K\\&E_{1t}=E_{2t}\\&B_{1n}=B_{2n}\\&D_{2n}-D_{1n}=\sigma\end{aligned}\right\}\tag{5-19}$$

式中，σ 为分界面上的自由电荷面密度，K 为传导电流的线密度，其正负取决于它的方向与 H_{2t}绕行方向是否符合右手螺旋关系。

上述分界面上的衔接条件表明：$\boldsymbol{E}$ 的切向分量和 $\boldsymbol{B}$ 的法向分量总是连续的，在有自由电荷和传导电流分布的分界面上，$\boldsymbol{D}$ 的法向分量和 $\boldsymbol{H}$ 的切向分量都是不连续的。虽然式(5-19)在形式上与静态场的边界条件完全相同，但必须注意：式中的物理量都是瞬时值，对应于任意时刻的时变场。

5.2.2 特殊情况

1）两种理想介质的边界条件

理想介质是指 $\gamma=0$ 的情况，即无欧姆损耗的简单媒质。两种理想介质的分界面上没有自由面电荷和传导线电流存在，即 $\sigma=0, K=0$，从而边界条件可简化为

$$\left.\begin{aligned} H_{1t}&=H_{2t}\\ E_{1t}&=E_{2t}\\ B_{1n}&=B_{2n}\\ D_{1n}&=D_{2n}\end{aligned}\right\} \tag{5-20}$$

设 α_1、α_2 分别为 $\boldsymbol{E}_1$、$\boldsymbol{E}_2$ 与分界面法线间的夹角，β_1、β_2 分别为 $\boldsymbol{H}_1$、$\boldsymbol{H}_2$ 与分界面法线间的夹角。由式(5-20)显然可以得到

$$\left.\begin{aligned} H_1\cos\beta_1&=H_2\cos\beta_2\\ E_1\cos\alpha_1&=E_2\cos\alpha_2\\ \mu_1H_1\cos\beta_1&=\mu_2H_2\cos\beta_2\\ \varepsilon_1E_1\cos\alpha_1&=\varepsilon_2E_2\cos\alpha_2\end{aligned}\right\}$$

因此

$$\frac{\tan\alpha_1}{\tan\alpha_2}=\frac{\varepsilon_1}{\varepsilon_2} \tag{5-21}$$

$$\frac{\tan\beta_1}{\tan\beta_2}=\frac{\mu_1}{\mu_2} \tag{5-22}$$

这就是电磁场中的折射定律。

2）理想介质和理想导体的边界条件

理想导体是指 $\gamma\to\infty$ 的情况。由于 $\gamma\to\infty$，所以在理想导体内没有电场，即 $\boldsymbol{E}=0$，否则 $\boldsymbol{J}=\gamma\boldsymbol{E}$ 变为无限大。另外，由 $\nabla\times\boldsymbol{E}=-\dfrac{\partial\boldsymbol{B}}{\partial t}=0$，可知 $\boldsymbol{B}$ 和 $\boldsymbol{H}$ 与时间无关，即是一个可能附加的恒定磁场，在时变条件下可以不考虑，故理想导体内也不存在磁场。

设理想导体为媒质 1，介质为媒质 2，$\boldsymbol{e}_n$ 为理想导体的外法向单位矢量。由于理想导体内无时变电磁场（$E_{1t}=0, E_{1n}=0, H_{1t}=0, H_{1n}=0$），因此理想导体与理想介质的边界条件为

$$\left.\begin{aligned} H_{2t}&=K\\ E_{2t}&=0\\ B_{2n}&=0\\ D_{2n}&=\sigma\end{aligned}\right\} \tag{5-23}$$

式(5-23)表明，在理想导体表面外侧附近的介质中，电场总与表面相垂直，而磁场总与表面相平行。

实际上，$\gamma\to\infty$ 的理想导体并不存在，但在工程应用中，可以将 γ 很大的良好金属近似看成理想导体，从而简化问题的分析过程。

最后再强调：分析边界条件时，对于在介质分界面处所作的小矩形闭合回路的 Δl、

Δh，以及小扁圆柱面的 ΔS、Δh，都特别强调 $\Delta h \to 0$，以及 Δl、ΔS 足够小即边界条件适用于边界上的每一个“点”，不一定必须是较大的“面”。

例 5-3 在两块导电平板 $z=0$ 和 $z=d$ 之间的空气中传播的电磁波电场强度为 $\boldsymbol{E}=E_0\sin\dfrac{\pi z}{d}\cos(\omega t-\beta x)\boldsymbol{e}_y$，其中 E_0、β 为常数。试求：(1) 磁场强度 $\boldsymbol{H}$；(2) 两块导电平板表面上的电流线密度 $\boldsymbol{K}$。

解：(1) 由麦克斯韦第二方程得到

$$\mu_0\frac{\partial \boldsymbol{H}}{\partial t}=-\nabla\times\boldsymbol{E}=\frac{\partial E_y}{\partial z}\boldsymbol{e}_x-\frac{\partial E_y}{\partial x}\boldsymbol{e}_z$$

$$=\frac{E_0\pi}{d}\cos\frac{\pi z}{d}\cos(\omega t-\beta x)\boldsymbol{e}_x-E_0\beta\sin\frac{\pi z}{d}\sin(\omega t-\beta x)\boldsymbol{e}_z$$

所以

$$\boldsymbol{H}=\frac{1}{\mu_0}\int\left[\frac{E_0\pi}{d}\cos\frac{\pi z}{d}\cos(\omega t-\beta x)\boldsymbol{e}_x-E_0\beta\sin\frac{\pi z}{d}\sin(\omega t-\beta x)\boldsymbol{e}_z\right]\mathrm{d}t$$

$$=\frac{E_0\pi}{\mu_0\omega d}\cos\frac{\pi z}{d}\sin(\omega t-\beta x)\boldsymbol{e}_x+\frac{E_0\beta}{\mu_0\omega}\sin\frac{\pi z}{d}\cos(\omega t-\beta x)\boldsymbol{e}_z$$

在理想导体表面，电场强度 $\boldsymbol{E}\big|_{z=0}=\boldsymbol{E}\big|_{z=d}=0$，磁场强度 $\boldsymbol{H}\big|_{z=0}=\dfrac{E_0\pi}{\mu_0\omega d}\sin(\omega t-\beta x)\boldsymbol{e}_x$，$\boldsymbol{H}\big|_{z=d}=-\dfrac{E_0\pi}{\mu_0\omega d}\sin(\omega t-\beta x)\boldsymbol{e}_x$。电场强度无切向分量，磁场强度无法向分量，故都满足理想导体表面的边界条件，并且由于电场强度的法向分量也为零，因此没有表面电荷。

(2) 导体表面线电流存在于两块导电板相对的一面。在 $z=0$ 的表面上，电流线密度 $\boldsymbol{K}_1$ 的大小为

$$K_1=H\big|_{z=0}=\frac{E_0\pi}{\mu_0\omega d}\sin(\omega t-\beta x)$$

其方向由 $\boldsymbol{H}$ 切向绕行方向的右手螺旋判断，沿 $\boldsymbol{e}_y$ 方向，即

$$\boldsymbol{K}_1=\frac{E_0\pi}{\mu_0\omega d}\sin(\omega t-\beta x)\boldsymbol{e}_y$$

同理，在 $z=d$ 表面上，电流线密度 $\boldsymbol{K}_2$ 为

$$\boldsymbol{K}_2=H\big|_{z=d}(-\boldsymbol{e}_y)=\frac{E_0\pi}{\mu_0\omega d}\sin(\omega t-\beta x)\boldsymbol{e}_y$$

5.3 时变电磁场的能量关系

与静电场和恒定磁场一样，时变电磁场也具有能量。但更重要的是，在时变条件下，电场能量密度随电场强度变化，磁场能量密度随磁场强度变化，空间各点能量密度的改变引起能量流动，能量流动现象是时变电磁场的一个重要特征。表达时变电磁场中能量守恒与转换关系的定理称为坡印廷定理，该定理由英国物理学家坡印廷(John H. Poynting)在 1884 年最初提出，可由麦克斯韦方程组直接导出。

由麦克斯韦第一方程式(5-3)可得

$$\boldsymbol{J}=\nabla\times\boldsymbol{H}-\frac{\partial\boldsymbol{D}}{\partial t}$$

两边同时点乘 $\boldsymbol{E}$，得

$$\boldsymbol{E}\cdot\boldsymbol{J}=\boldsymbol{E}\cdot(\nabla\times\boldsymbol{H})-\boldsymbol{E}\cdot\frac{\partial\boldsymbol{D}}{\partial t}$$

由于点乘满足交换定律，即 $\boldsymbol{E}\cdot\boldsymbol{J}=\boldsymbol{J}\cdot\boldsymbol{E}$，并且由矢量恒等式 $\nabla\cdot(\boldsymbol{E}\times\boldsymbol{H})=\boldsymbol{H}\cdot(\nabla\times\boldsymbol{E})-\boldsymbol{E}\cdot(\nabla\times\boldsymbol{H})$，上式可化为

$$\boldsymbol{J}\cdot\boldsymbol{E}=\boldsymbol{H}\cdot(\nabla\times\boldsymbol{E})-\nabla\cdot(\boldsymbol{E}\times\boldsymbol{H})-\boldsymbol{E}\cdot\frac{\partial\boldsymbol{D}}{\partial t}$$

将麦克斯韦第二方程 $\nabla\times\boldsymbol{E}=-\frac{\partial\boldsymbol{B}}{\partial t}$ 代入上式，则

$$\boldsymbol{J}\cdot\boldsymbol{E}=-\boldsymbol{H}\cdot\frac{\partial\boldsymbol{B}}{\partial t}-\nabla\cdot(\boldsymbol{E}\times\boldsymbol{H})-\boldsymbol{E}\cdot\frac{\partial\boldsymbol{D}}{\partial t}\tag{5-24}$$

根据辅助方程 $\boldsymbol{D}=\varepsilon\boldsymbol{E}$，$\boldsymbol{B}=\mu\boldsymbol{H}$，$\boldsymbol{J}=\gamma\boldsymbol{E}$，若介质参数不随时间变化，有

$$\boldsymbol{H}\cdot\frac{\partial\boldsymbol{B}}{\partial t}=\boldsymbol{H}\cdot\frac{\partial\mu\boldsymbol{H}}{\partial t}=\mu\boldsymbol{H}\cdot\frac{\partial\boldsymbol{H}}{\partial t}=\boldsymbol{B}\cdot\frac{\partial\boldsymbol{H}}{\partial t}$$

$$\boldsymbol{E}\cdot\frac{\partial\boldsymbol{D}}{\partial t}=\boldsymbol{E}\cdot\frac{\partial\varepsilon\boldsymbol{E}}{\partial t}=\varepsilon\boldsymbol{E}\cdot\frac{\partial\boldsymbol{E}}{\partial t}=\boldsymbol{D}\cdot\frac{\partial\boldsymbol{E}}{\partial t}$$

上两式也可写为

$$\boldsymbol{H}\cdot\frac{\partial\boldsymbol{B}}{\partial t}=\frac{1}{2}\left(\boldsymbol{H}\cdot\frac{\partial\boldsymbol{B}}{\partial t}+\boldsymbol{B}\cdot\frac{\partial\boldsymbol{H}}{\partial t}\right)=\frac{\partial}{\partial t}\left(\frac{1}{2}\boldsymbol{B}\cdot\boldsymbol{H}\right)$$

$$\boldsymbol{E}\cdot\frac{\partial\boldsymbol{D}}{\partial t}=\frac{1}{2}\left(\boldsymbol{E}\cdot\frac{\partial\boldsymbol{D}}{\partial t}+\boldsymbol{D}\cdot\frac{\partial\boldsymbol{E}}{\partial t}\right)=\frac{\partial}{\partial t}\left(\frac{1}{2}\boldsymbol{E}\cdot\boldsymbol{D}\right)$$

将它们代入式(5-24)，得

$$-\nabla\cdot(\boldsymbol{E}\times\boldsymbol{H})=\boldsymbol{J}\cdot\boldsymbol{E}+\frac{\partial}{\partial t}\left(\frac{1}{2}\boldsymbol{B}\cdot\boldsymbol{H}\right)+\frac{\partial}{\partial t}\left(\frac{1}{2}\boldsymbol{E}\cdot\boldsymbol{D}\right)\tag{5-25}$$

取上式对体积 V 的积分，得

$$-\int_V\nabla\cdot(\boldsymbol{E}\times\boldsymbol{H})\mathrm{d}V=\int_V\boldsymbol{J}\cdot\boldsymbol{E}\mathrm{d}V+\frac{\partial}{\partial t}\int_V\left(\frac{1}{2}\boldsymbol{B}\cdot\boldsymbol{H}+\frac{1}{2}\boldsymbol{E}\cdot\boldsymbol{D}\right)\mathrm{d}V$$

应用散度定理，将左边体积分化为面积分，则

$$-\oint_S(\boldsymbol{E}\times\boldsymbol{H})\mathrm{d}S=\int_V(\boldsymbol{J}\cdot\boldsymbol{E})\mathrm{d}V+\frac{\partial}{\partial t}\int_V\left(\frac{1}{2}\boldsymbol{B}\cdot\boldsymbol{H}+\frac{1}{2}\boldsymbol{E}\cdot\boldsymbol{D}\right)\mathrm{d}V\tag{5-26}$$

这就是坡印廷定理，也称为时变电磁场中的能量守恒与转换定理。上式右边第一项是焦耳热损失功率，表示单位时间以热形式在体积 V 中损失的能量；第二项与静态场一样，分别表示电场能量密度 $w_e=\frac{1}{2}\boldsymbol{E}\cdot\boldsymbol{D}$ 和磁场能量密度 $w_m=\frac{1}{2}\boldsymbol{B}\cdot\boldsymbol{H}$，它们之和表示体积 V 中电磁能量随时间的增加率。

根据能量守恒定律，若体积内无能量源，右边体积内焦耳热能量的损失和电磁能量的增加，必须由体积外相应的能量所提供。因此，左边闭合面积分必定代表单位时间内穿过体积 V 的表面 S 流入体积 V 内的电磁能量。这表明 $\boldsymbol{E}\times\boldsymbol{H}$ 是一个具有单位表面功率量纲的矢量，定义

$$\boldsymbol{S}=\boldsymbol{E}\times\boldsymbol{H} \tag{5-27}$$

称为坡印廷矢量，也称为能流密度矢量或功率流密度，用以表示单位时间内穿过与能量流动方向相垂直单位表面的能量，其方向与 $\boldsymbol{E}$ 和 $\boldsymbol{H}$ 符合右手螺旋关系。

必须指出：坡印廷定理肯定 $\oint_S(\boldsymbol{E}\times\boldsymbol{H})\mathrm{d}S$ 具有确定的物理意义（穿过封闭面的总能量），然而这并不等于说在有电场和磁场的地方，$\boldsymbol{S}=\boldsymbol{E}\times\boldsymbol{H}$ 就一定代表该处有电磁能量的流动。这是因为，在坡印廷定理中，真正表示空间任一点能量密度变化的是 $\nabla\cdot(\boldsymbol{E}\times\boldsymbol{H})$，而不是坡印廷矢量 $\boldsymbol{S}$ 本身。但是，在时变电磁场中有 $\boldsymbol{S}=\boldsymbol{E}\times\boldsymbol{H}$ 功率流的假说已被许多实验现象所证实。

例 5-4 设同轴线的内导体半径为 a，外导体内半径为 b，内外导体间为空气，内外导体均为理想导体，载有直流电流 I，内外导体间电压为 U。求同轴线的传输功率和能流密度矢量。

解：分别应用高斯定理和安培环路定律，可以求出同轴线内外导体间的电场和磁场：

$$\boldsymbol{E}=\frac{U}{r\ln(b/a)}\boldsymbol{e}_r$$

$$\boldsymbol{H}=\frac{I}{2\pi r}\boldsymbol{e}_\varphi$$

因此，内外导体间任意横截面上的能流密度矢量为

$$\boldsymbol{S}=\boldsymbol{E}\times\boldsymbol{H}=\frac{UI}{2\pi r^2\ln(b/a)}\boldsymbol{e}_z$$

上式说明，电磁能量在内外导体间的空间内沿 z 轴方向流动，由电源向负载，而在同轴电缆外部空间和内外导体内部均无电磁场，坡印廷矢量为零，无能量流动。

通过同轴电缆内外导体间任一横截面的功率为

$$P=\int_A\boldsymbol{S}\cdot\mathrm{d}\boldsymbol{A}=\int_a^b\frac{UI}{2\pi r^2\ln(b/a)}\cdot 2\pi r\mathrm{d}r=UI$$

它正好等于电源的输出功率，这与电路理论中已知的结果一致。

例 5-5 直流电流 I_z 流过半径为 a 的导线，导线单位长度的电阻为 R，试应用坡印廷矢量计算该导线单位长度损耗的功率。

解：圆导线沿轴对称，选用圆柱坐标更方便。

由于 R 为导线单位长度的电阻，于是 I_zRL 代表 L 长导线上的电压降 U_z，因此有

$$E_z=\frac{U_z}{L}=I_zR$$

而由安培环路定律可知，电流 I_z 在导线表面产生的磁场强度为

$$H_\varphi=\frac{I_z}{2\pi a}$$

坡印廷矢量为

$$\boldsymbol{S}=\boldsymbol{e}_zE_z\times\boldsymbol{e}_\varphi H_\varphi=-\boldsymbol{e}_rE_zH_\varphi=-\boldsymbol{e}_r\frac{I_z^2R}{2\pi a}$$

所以，能流密度 $\boldsymbol{S}$ 是垂直于导线外表面而流入导线内部的，这部分能量形成导线中的热损耗。单位长度导线上损耗的热功率为

$$P_L = \oint_A \boldsymbol{S} \cdot \mathrm{d}\boldsymbol{A}$$

由于 $\boldsymbol{S}$ 为 $-\boldsymbol{e}_r$ 方向，与圆柱上下底面相切，因此仅剩下沿圆柱侧面上的积分

$$P_L = \oint_A \boldsymbol{S} \cdot \mathrm{d}\boldsymbol{A} = \int_0^l \frac{I_z^2 R}{2\pi a} \cdot 2\pi a \mathrm{d}z = I_z^2 R$$

与电路理论结果完全一致。表明导体中消耗在电阻上的能量也是通过坡印廷矢量传送的。

5.4　时变场的动态位

在分析静态场时，引入标量电位 φ 求解静态电场，引入矢量磁位 $\boldsymbol{A}$ 求解恒定磁场，往往很方便。同样，从麦克斯韦方程组出发，也可以引入动态位函数，从而使时变场问题的求解得以简化。

5.4.1　动态位

由于矢量函数旋度的散度恒等于零，根据麦克斯韦第三方程 $\nabla \cdot \boldsymbol{B}=0$，可以引入一个矢量函数 $\boldsymbol{A}$，使

$$\boldsymbol{B}=\nabla \times \boldsymbol{A} \tag{5-28}$$

将上式代入麦克斯韦第二方程 $\nabla \times \boldsymbol{E}=-\frac{\partial \boldsymbol{B}}{\partial t}$，可得

$$\nabla \times \left(\boldsymbol{E}+\frac{\partial \boldsymbol{A}}{\partial t}\right)=0$$

又因为标量函数梯度的旋度恒等于零，因此可以引入一个标量函数 φ，使

$$\boldsymbol{E}+\frac{\partial \boldsymbol{A}}{\partial t}=-\nabla \varphi \tag{5-29}$$

或写为

$$\boldsymbol{E}=-\frac{\partial \boldsymbol{A}}{\partial t}-\nabla \varphi \tag{5-30}$$

式(5-28)和式(5-30)获得用标量函数 φ 和矢量函数 $\boldsymbol{A}$ 表示的电场 $\boldsymbol{E}$ 和磁场 $\boldsymbol{B}$，称 φ 为标量位函数，$\boldsymbol{A}$ 为矢量位函数。由于 φ 和 $\boldsymbol{A}$ 不仅都是空间坐标的函数，而且都随时间变化，所以也称为动态位函数，简称动态位。

5.4.2　动态位的微分方程

将式(5-28)和式(5-30)代入麦克斯韦第一方程 $\nabla \times \boldsymbol{H}=\boldsymbol{J}+\frac{\partial \boldsymbol{D}}{\partial t}$，若空间媒质是各向同性非色散的（$\varepsilon$ 和 μ 为常数），利用辅助方程 $\boldsymbol{D}=\varepsilon \boldsymbol{E}$ 和 $\boldsymbol{B}=\mu \boldsymbol{H}$，可得

$$\nabla \times \left(\frac{1}{\mu}\nabla \times \boldsymbol{A}\right)=\boldsymbol{J}+\varepsilon \frac{\partial}{\partial t}\left(-\frac{\partial \boldsymbol{A}}{\partial t}-\nabla \varphi\right)$$

利用矢量恒等式 $\nabla \times \nabla \times \boldsymbol{A}=\nabla(\nabla \cdot \boldsymbol{A})-\nabla^2 \boldsymbol{A}$，上式可化为

$$\nabla^2 \boldsymbol{A}-\mu\varepsilon \frac{\partial^2 \boldsymbol{A}}{\partial t^2}=-\mu \boldsymbol{J}+\nabla\left(\nabla \cdot \boldsymbol{A}+\mu\varepsilon \frac{\partial \varphi}{\partial t}\right) \tag{5-31}$$

将式(5-30)代入麦克斯韦第四方程$\nabla \cdot \boldsymbol{D}=\rho$,得到

$$\nabla \cdot \left(-\frac{\partial \boldsymbol{A}}{\partial t}-\nabla \varphi\right)=\frac{\rho}{\varepsilon}$$

可进一步化为

$$\nabla^2 \varphi+\frac{\partial(\nabla \cdot \boldsymbol{A})}{\partial t}=-\frac{\rho}{\varepsilon} \tag{5-32}$$

式(5-31)和式(5-32)同时包含φ和$\boldsymbol{A}$,这是一组相当复杂联立的二阶偏微分方程组。为了得到φ和$\boldsymbol{A}$各自单独满足的微分方程,必须对φ和$\boldsymbol{A}$增加新的限制条件。式(5-29)已经规定$\boldsymbol{A}$的旋度,但还未规定$\boldsymbol{A}$的散度,而一个矢量只有完全获得它的旋度和散度后才能唯一确定。

在静磁场中,为了使$\boldsymbol{A}$具有最简单解的表达式,选择$\nabla \cdot \boldsymbol{A}=0$,并把这样的散度规定称为库伦规范,但在时变场中,选择库伦规范并不能使两方程彼此独立。通过对式(5-31)的观察可以发现,若附加条件为

$$\nabla \cdot \boldsymbol{A}+\mu\varepsilon \frac{\partial \varphi}{\partial t}=0 \tag{5-33}$$

则式(5-31)成为仅包含$\boldsymbol{A}$的偏微分方程,从而将φ和$\boldsymbol{A}$彼此分开为两个独立的偏微分方程:

$$\nabla^2 \boldsymbol{A}-\mu\varepsilon \frac{\partial^2 \boldsymbol{A}}{\partial t^2}=-\mu \boldsymbol{J} \tag{5-34}$$

$$\nabla^2 \varphi-\mu\varepsilon \frac{\partial^2 \varphi}{\partial t^2}=-\frac{\rho}{\varepsilon} \tag{5-35}$$

式(5-34)和式(5-35)为两个非齐次的波动方程,通常称为动态位的达朗贝尔方程,式(5-33)称为洛伦兹规范条件。在洛伦兹规范条件下,动态位$\boldsymbol{A}$单独由电流密度$\boldsymbol{J}$决定;动态位φ单独由电荷密度ρ决定。因此,式(5-30)再次表明,时变电磁场中的电场强度不仅由电荷产生,同时也由变化的磁场产生。

5.4.3 正弦电磁场的复数表示法

在时变电磁场中,场量和场源除了是空间坐标的函数,还是时间的函数。时变电磁场随时间的变化规律可以有多种形式,对所有不同规律的时变场一一进行分析显然不现实,而是希望能找到一种最基本的时变场,着重将它的基本性质讨论清楚,然后再以它为工具去解决任意时变场的情况。

根据傅里叶变换理论:任何周期或非周期的时变电磁场都可以分解成许多不同频率的正弦电磁场的叠加或积分。正弦电磁场也称为时谐电磁场,指任意场矢量的每一坐标分量随时间以相同频率作正弦或余弦变化。正弦电磁场是最简单,也是最重要的一种场形式,在工程技术中也最常见,透彻地研究正弦电磁场对于系统掌握时变电磁场具有非常重要的意义。

正弦电磁场的电场和磁场的各个分量都随时间作相同频率的正弦或余弦变化,考虑到正弦函数和余弦函数可以互相表示,如$\cos \omega t=\cos(\omega t-\pi/2)$,约定正弦电磁场一般用

余弦函数表示。以电场强度为例，在直角坐标系中，随时间作正弦变化的电场强度的一般形式为

$$\begin{aligned}\boldsymbol{E}(x,y,z,t)=&E_{xm}(x,y,z)\cos[\omega t+\phi_x(x,y,z)]\boldsymbol{e}_x\\&+E_{ym}(x,y,z)\cos[\omega t+\phi_y(x,y,z)]\boldsymbol{e}_y\\&+E_{zm}(x,y,z)\cos[\omega t+\phi_z(x,y,z)]\boldsymbol{e}_z\end{aligned}\tag{5-36}$$

式中，ω 是角频率。E_{xm}、E_{ym}、E_{zm}、ϕ_x、ϕ_y、ϕ_z 分别为各坐标分量的振幅值和初相角。为使表达式更简洁，下面将坐标变量和时间变量省略，但是必须紧记，所讨论的场不仅随时间变化，而且也是空间位置的函数。

利用欧拉公式 $e^{jx}=\cos x+j\cos x$，式(5-36)可表示为

$$\begin{aligned}\boldsymbol{E}&=\mathrm{Re}[E_{xm}e^{j(\omega t+\phi_x)}\boldsymbol{e}_x+E_{ym}e^{j(\omega t+\phi_y)}\boldsymbol{e}_y+E_{zm}e^{j(\omega t+\phi_z)}\boldsymbol{e}_z]\\&=\mathrm{Re}[(E_{xm}e^{j\phi_x}\boldsymbol{e}_x+E_{ym}e^{j\phi_y}\boldsymbol{e}_y+E_{zm}e^{j\phi_z}\boldsymbol{e}_z)e^{j\omega t}]\end{aligned}\tag{5-37}$$

式(5-37)是瞬时形式与复数形式间的变换关系式。式中 Re 表示取括号中复数的实部。采用一个记号来表示上面圆括号内的量：

$$\dot{E}=E_{xm}e^{j\phi_x}\boldsymbol{e}_x+E_{ym}e^{j\phi_y}\boldsymbol{e}_y+E_{zm}e^{j\phi_z}\boldsymbol{e}_z\tag{5-38}$$

称为电场强度的复振幅或复矢量。于是场矢量可表示为

$$\boldsymbol{E}=\mathrm{Re}[\dot{E}e^{j\omega t}]\tag{5-39}$$

必须注意，复矢量是场强三个分量的组合，除特殊情况外，其在空间的方向可能随时间不断变化，因此一般不能用三维空间中的一个矢量表示。

采用复数形式，正弦量对时间的微分运算为

$$\frac{\partial\boldsymbol{E}}{\partial t}=\frac{\partial}{\partial t}\mathrm{Re}[\dot{E}e^{j\omega t}]=\mathrm{Re}\frac{\partial}{\partial t}[\dot{E}e^{j\omega t}]=\mathrm{Re}[j\omega\dot{E}e^{j\omega t}]\tag{5-40}$$

积分运算为

$$\int\boldsymbol{E}dt=\int\mathrm{Re}[\dot{E}e^{j\omega t}]dt=\mathrm{Re}\int\dot{E}e^{j\omega t}dt=\mathrm{Re}\left[\frac{1}{j\omega}\dot{E}e^{j\omega t}\right]\tag{5-41}$$

因此，对时间的一次微分或积分，对应到复数形式只是乘以或除以一个因子 $j\omega$，数学运算得以简化。所以，复数形式只不过是为了简化运算而采用的记号，并无实际意义。

5.4.4 麦克斯韦方程的复数形式

运用上述复数微分和积分运算规则，可获得用复用形式表示的麦克斯韦方程组：

$$\left.\begin{aligned}&\nabla\times\dot{H}=\dot{J}+j\omega\dot{D}\\&\nabla\times\dot{E}=-j\omega\dot{B}\\&\nabla\cdot\dot{B}=0\\&\nabla\cdot\dot{D}=\dot{\rho}\end{aligned}\right\}\tag{5-42}$$

和复数形式的辅助方程：

$$\left.\begin{aligned}&\dot{D}=\varepsilon\dot{E}\\&\dot{B}=\mu\dot{H}\\&\dot{J}=\gamma\dot{E}\end{aligned}\right\}\tag{5-43}$$

5.4.5 坡印廷定理的复数形式

坡印廷矢量 $\boldsymbol{S}=\boldsymbol{E}\times\boldsymbol{H}$ 表示瞬时电磁功率流密度。对于正弦电磁场，每一点瞬时电磁功率流密度的时间平均值更具实际意义。

根据复数运算规则，场矢量可化为

$$\boldsymbol{E}=\mathrm{Re}[\dot{E}e^{j\omega t}]=\frac{1}{2}\mathrm{Re}[\dot{E}e^{j\omega t}+\dot{E}^{*}e^{-j\omega t}]$$

$$\boldsymbol{H}=\mathrm{Re}[\dot{H}e^{j\omega t}]=\frac{1}{2}\mathrm{Re}[\dot{H}e^{j\omega t}+\dot{H}^{*}e^{-j\omega t}]$$

于是，坡印廷矢量的瞬时值可写为

$$\begin{aligned}\boldsymbol{S}=\boldsymbol{E}\times\boldsymbol{H}&=\frac{1}{2}\mathrm{Re}[\dot{E}e^{j\omega t}+\dot{E}^{*}e^{-j\omega t}]\times\frac{1}{2}\mathrm{Re}[\dot{H}e^{j\omega t}+\dot{H}^{*}e^{-j\omega t}]\\&=\frac{1}{4}[\dot{E}\times\dot{H}^{*}+\dot{E}^{*}\times\dot{H}]+\frac{1}{4}[\dot{E}\times\dot{H}e^{j2\omega t}+\dot{E}^{*}\times\dot{H}^{*}e^{-j2\omega t}]\\&=\frac{1}{2}\mathrm{Re}[\dot{E}\times\dot{H}^{*}]+\frac{1}{2}\mathrm{Re}[\dot{E}\times\dot{H}e^{j2\omega t}]\end{aligned}\tag{5-44}$$

对它在一个周期 $T=2\pi/\omega$ 内取平均，由于第二项的平均值为零，于是有

$$\boldsymbol{S}_{av}=\frac{1}{T}\int_{0}^{T}\boldsymbol{S}dt=\frac{1}{2}\mathrm{Re}[\dot{E}\times\dot{H}^{*}]\tag{5-45}$$

$\boldsymbol{S}_{av}$ 称为平均能流密度矢量或平均坡印廷矢量，表示在一个周期内沿 $(\boldsymbol{E}\times\boldsymbol{H})$ 方向通过单位面积的平均功率。$\left(\frac{1}{2}\dot{E}\times\dot{H}^{*}\right)$ 称为坡印廷矢量的复数形式，简称复坡印廷矢量，记为

$$\dot{S}=\frac{1}{2}\dot{E}\times\dot{H}^{*}\tag{5-46}$$

它的实部就是坡印廷矢量的平均值(或有功功率密度)，表示能量的流动；虚部是无功功率密度，表示电磁能量的交换。

利用矢量恒等式

$$\nabla\cdot(\dot{E}\times\dot{H}^{*})=\dot{H}^{*}\cdot(\nabla\times\dot{E})-\dot{E}\cdot(\nabla\times\dot{H}^{*})$$

再将复数形式的麦克斯韦方程和辅助方程代入上式，可得

$$\begin{aligned}\nabla\cdot(\dot{E}\times\dot{H}^{*})&=\dot{H}^{*}\cdot(-j\omega\mu\dot{H})-\dot{E}\cdot(J^{*}-j\omega\varepsilon\dot{E}^{*})\\&=-j\omega\mu\dot{H}\cdot\dot{H}^{*}+j\omega\varepsilon\dot{E}\cdot\dot{E}^{*}-\dot{E}\cdot J^{*}\\&=-j\omega(\mu|\dot{H}|^{2}-\varepsilon|\dot{E}|^{2})-\dot{E}\cdot J^{*}\end{aligned}$$

对等式两边进行积分，并利用高斯散度定理，于是有

$$-\oint_A\left(\frac{1}{2}\dot{E}\times\dot{H}^*\right)\cdot d\boldsymbol{A}=\int_V\left(\frac{1}{2}\dot{E}\cdot J^*\right)dV+j2\omega\int_V\left(\frac{1}{4}\mu|\dot{H}|^2-\frac{1}{4}\varepsilon|\dot{E}|^2\right)dV \tag{5-47}$$

这就是坡印廷定理的复数形式。上式左边表示流入闭合面 A 内的复功率;右边第一项表示体积 V 内损耗的热功率,即有功功率;右边第二项表示体积 V 内电磁能量的平均值,即无功功率,其中 $w_m=\frac{1}{4}\mu|\dot{H}|^2$ 和 $w_e=\frac{1}{4}\varepsilon|\dot{E}|^2$ 分别表示磁场能量密度的平均值和电场能量密度的平均值。

5.4.6 动态位的复数形式

在正弦电磁场中,电场$\dot{E}$、磁场$\dot{B}$与动态位$\dot{A}$、$\dot{\varphi}$ 的关系也可以用复数形式来表示:

$$\dot{B}=\nabla\times\dot{A} \tag{5-48}$$

$$\dot{E}=-j\omega\dot{A}+\frac{\nabla(\nabla\cdot\dot{A})}{j\omega\mu\varepsilon} \tag{5-49}$$

上式已利用洛伦兹规范条件的复数形式:

$$\nabla\cdot\dot{A}+j\omega\mu\varepsilon\dot{\varphi}=0 \tag{5-50}$$

复数形式的动态位微分方程(达朗贝尔方程)为

$$\nabla^2\dot{A}+\omega^2\mu\varepsilon\dot{A}=-\mu\dot{J} \tag{5-51}$$

$$\nabla^2\dot{\varphi}+\omega^2\mu\varepsilon\dot{\varphi}=-\frac{\dot{\rho}}{\varepsilon} \tag{5-52}$$

对于一个具体的正弦场问题,可以首先讨论和求解复数形式的麦克斯韦方程组或动态位微分方程,得到所求场量的复数形式后,再利用瞬时形式与复数形式间的变换关系式(5-19)得到瞬时场量的表达式。这种先求复数形式,再算瞬时值的方法称为频域方法。对许多时变场问题,采用频域方法比直接求解瞬时麦克斯韦组的方法(时域方法)简单得多,特别是某些涉及媒质损耗的问题,时域法显得无能为力,只能采用频域法求解。

例 5-6 已知时变电磁场中动态位 $\boldsymbol{A}=\boldsymbol{e}_xA_m\sin(\omega t-kz)$,其中 A_m、k 为常数。求:(1) 电场强度复矢量;(2) 磁场强度复矢量;(3) 坡印廷矢量的瞬时值和平均值。

解:方法一:时域解法。由磁场强度与动态位的关系式 $\boldsymbol{B}=\nabla\times\boldsymbol{A}$,可得

$$\boldsymbol{B}=\boldsymbol{e}_y\frac{\partial A_x}{\partial z}=-\boldsymbol{e}_ykA_m\cos(\omega t-kz)$$

$$\boldsymbol{H}=-\boldsymbol{e}_y\frac{kA_m}{\mu}\cos(\omega t-kz)$$

其复数形式为$\dot{B}=-\boldsymbol{e}_ykA_m e^{-jkz}$,$\dot{H}=-\boldsymbol{e}_y\frac{kA_m}{\mu}e^{-jkz}$。

由洛伦兹规范条件$\nabla\cdot\boldsymbol{A}+\mu\varepsilon\frac{\partial\varphi}{\partial t}=0$,有

$$\frac{\partial\varphi}{\partial t}=-\frac{\nabla\cdot\boldsymbol{A}}{\mu\varepsilon}=0$$

所以,φ 是不随时间变化的静态位,因此其梯度$\nabla\varphi$ 对应的电场强度也不随时间变化。对

于正弦时变场，这个附加静态场可以不予考虑。于是：

$$\boldsymbol{E}=-\frac{\partial \boldsymbol{A}}{\partial t}-\nabla\varphi=-\boldsymbol{e}_x\omega A_{\mathrm{m}}\cos(\omega t-kz)$$

其复数形式为$\dot{E}=-\boldsymbol{e}_x\omega A_{\mathrm{m}}\mathrm{e}^{-\mathrm{j}kz}$。

坡印廷矢量的瞬时值为

$$\begin{aligned}\boldsymbol{S}=\boldsymbol{E}\times\boldsymbol{H}&=\boldsymbol{e}_z\frac{\omega kA_{\mathrm{m}}^2}{\mu}\cos^2(\omega t-kz)\\&=\boldsymbol{e}_z\frac{\omega kA_{\mathrm{m}}^2}{2\mu}[1+\cos(2\omega t-2kz)]\end{aligned}$$

平均值为

$$\begin{aligned}\boldsymbol{S}_{\mathrm{av}}&=\frac{1}{T}\int_0^T(\boldsymbol{E}\times\boldsymbol{H})\mathrm{d}t=\frac{1}{T}\int_0^T\boldsymbol{e}_z\frac{\omega kA_{\mathrm{m}}^2}{2\mu}[1+\cos(2\omega t-2kz)]\mathrm{d}t\\&=\boldsymbol{e}_z\frac{\omega kA_{\mathrm{m}}^2}{2\mu}\end{aligned}$$

方法二：频域解法。由动态位 $\boldsymbol{A}=\boldsymbol{e}_xA_{\mathrm{m}}\sin(\omega t-kz)=\boldsymbol{e}_xA_{\mathrm{m}}\cos(\omega t-kz-\pi/2)$，可得其复数表示式为

$$\dot{A}=\boldsymbol{e}_xA_{\mathrm{m}}\mathrm{e}^{-\mathrm{j}kz}\mathrm{e}^{-\mathrm{j}\pi/2}=-\mathrm{j}\boldsymbol{e}_xA_{\mathrm{m}}\mathrm{e}^{-\mathrm{j}kz}$$

于是，磁场强度的复数形式为

$$\dot{B}=\nabla\times\dot{A}=\boldsymbol{e}_y\frac{\partial A_x}{\partial z}=-\boldsymbol{e}_ykA_{\mathrm{m}}\mathrm{e}^{-\mathrm{j}kz}$$

$$\dot{H}=\frac{\dot{B}}{\mu}=-\boldsymbol{e}_y\frac{kA_{\mathrm{m}}}{\mu}\mathrm{e}^{-\mathrm{j}kz}$$

电场强度的复数形式为

$$\dot{E}=-\mathrm{j}\omega\dot{A}+\frac{\nabla(\nabla\cdot\dot{A})}{\mathrm{j}\omega\mu\varepsilon}=-\boldsymbol{e}_x\omega A_{\mathrm{m}}\mathrm{e}^{-\mathrm{j}kz}$$

因此，坡印廷矢量瞬时值的复数形式为

$$\begin{aligned}\boldsymbol{S}&=\frac{1}{2}\mathrm{Re}[\dot{E}\times\dot{H}^*]+\frac{1}{2}\mathrm{Re}[\dot{E}\times\dot{H}\mathrm{e}^{\mathrm{j}2\omega t}]\\&=\boldsymbol{e}_z\frac{\omega kA_{\mathrm{m}}^2}{2\mu}+\boldsymbol{e}_z\mathrm{Re}\left(\frac{\omega kA_{\mathrm{m}}^2}{2\mu}\mathrm{e}^{-\mathrm{j}2kz}\mathrm{e}^{\mathrm{j}2\omega t}\right)\\&=\boldsymbol{e}_z\frac{\omega kA_{\mathrm{m}}^2}{2\mu}[1+\cos(2\omega t-2kz)]\end{aligned}$$

坡印廷矢量的平均值为

$$\begin{aligned}\boldsymbol{S}_{\mathrm{av}}&=\frac{1}{2}\mathrm{Re}(\dot{E}\times\dot{H}^*)=\frac{1}{2}\mathrm{Re}\left[(-\boldsymbol{e}_x\omega A_{\mathrm{m}}\mathrm{e}^{-\mathrm{j}kz})\times\left(-\boldsymbol{e}_y\frac{kA_{\mathrm{m}}}{\mu}\mathrm{e}^{\mathrm{j}kz}\right)\right]\\&=\boldsymbol{e}_z\frac{\omega kA_{\mathrm{m}}^2}{2\mu}\end{aligned}$$

由此可知，频域法和时域法所得结果是相同的。

小　结

本章介绍时变电磁场基本方程和主要特性。学完本章应掌握以下知识点。

1. 麦克斯韦方程组是宏观描述时变电磁场基本特性的经典定律，在静止媒质中麦克斯韦方程组的积分、微分形式及其物理内涵如下：

(1) $\oint_l \boldsymbol{H} \cdot \mathrm{d}\boldsymbol{l} = \oint_S \left(\boldsymbol{J} + \frac{\partial \boldsymbol{D}}{\partial t}\right) \cdot \mathrm{d}\boldsymbol{S}, \nabla \times \boldsymbol{H} = \boldsymbol{J} + \frac{\partial \boldsymbol{D}}{\partial t}$。

全电流定律，不仅传导电流产生磁场，变化的电场能够产生磁场。

(2) $\oint_l \boldsymbol{E} \cdot \mathrm{d}\boldsymbol{l} = -\int_S \frac{\partial \boldsymbol{B}}{\partial t} \cdot \mathrm{d}\boldsymbol{S}, \nabla \times \boldsymbol{E} = -\frac{\partial \boldsymbol{B}}{\partial t}$。

电磁感应定律，不仅电荷产生电场，变化的磁场也产生电场。

(3) $\oint_S \boldsymbol{D} \cdot \mathrm{d}\boldsymbol{S} = q, \nabla \cdot \boldsymbol{D} = \rho_f$。

高斯定理，电荷以发散的形式产生电场。

(4) $\oint_S \boldsymbol{B} \cdot \mathrm{d}\boldsymbol{S} = 0, \nabla \cdot \boldsymbol{B} = 0$。

磁通连续原理，说明磁场线是闭合曲线。

2. 麦克方程组求解时还必须附加三个辅助方程，也称为本构方程：

$$\boldsymbol{D} = \varepsilon \boldsymbol{E}, \quad \boldsymbol{B} = \mu \boldsymbol{H}, \quad \boldsymbol{J} = \gamma \boldsymbol{E}$$

3. 时变电磁场在不同媒质分界面上的边界条件为

切向分量：$E_{1t} = E_{2t}, H_{2t} - H_{1t} = K$；

法向分量：$D_{2n} - D_{1n} = \sigma, B_{1n} = B_{2n}$。

4. 坡印廷定理反映时变电磁场中的能量守恒与转换关系：

$$-\oint_S (\boldsymbol{E} \times \boldsymbol{H}) \mathrm{d}S = \int_V (\boldsymbol{J} \cdot \boldsymbol{E}) \mathrm{d}V + \frac{\partial}{\partial t}\int_V \left(\frac{1}{2}\boldsymbol{B} \cdot \boldsymbol{H} + \frac{1}{2}\boldsymbol{E} \cdot \boldsymbol{D}\right) \mathrm{d}V$$

即单位时间穿过体积 V 的表面 S 流入的电磁能量等于体积 V 内焦耳热能量的损失量和电磁能量的增加量。

坡印廷矢量：$\boldsymbol{S} = \boldsymbol{E} \times \boldsymbol{H}$ 表示穿过与能量流动方向相垂直的单位表面的功率矢量，其方向与 $\boldsymbol{E}$ 和 $\boldsymbol{H}$ 符合右手螺旋关系。

5. 动态位与场量的关系：

$$\boldsymbol{B} = \nabla \times \boldsymbol{A}, \quad \boldsymbol{E} = -\frac{\partial \boldsymbol{A}}{\partial t} - \nabla \varphi$$

在洛伦兹规范条件 $\nabla \cdot \boldsymbol{A} + \mu\varepsilon \frac{\partial \varphi}{\partial t} = 0$ 下，动态位微分方程为

$$\nabla^2 \boldsymbol{A} - \mu\varepsilon \frac{\partial^2 \boldsymbol{A}}{\partial t^2} = -\mu \boldsymbol{J}, \quad \nabla^2 \varphi - \mu\varepsilon \frac{\partial^2 \varphi}{\partial t^2} = -\frac{\rho}{\varepsilon}$$

6. 正弦电磁场也称为时谐电磁场，是指任意场矢量的每一坐标分量随时间以相同频率作正弦或余弦变换，正弦电磁场是最简单，也是最重要的一种场形式。采用复数形式将正弦电磁场从时域转化到频域，为简化问题的分析提供另一种手段。瞬时形式与复数形

式间的变换关系为

$$\boldsymbol{E}=\mathrm{Re}[\dot{E}\mathrm{e}^{\mathrm{j}\omega t}]$$

习　题

5-1　写出麦克斯韦方程组四个方程的积分和微分形式，并说明各个方程所代表的物理意义。

5-2　试将麦克斯韦方程分别在：(1) 直角坐标；(2) 圆柱坐标；(3) 球坐标中写为 8 个标量方程。

5-3　写出坡印廷定律及各项的物理意义。

5-4　设真空中电荷量为 q 的点电荷以速度 $v\,(v\ll c)$ 向正 z 方向匀速运动，在 $t=0$ 时刻经过坐标原点。计算任一点位移电流密度（不考虑滞后效应）。

5-5　按下述几个方面比较传导电流和位移电流：(1) 由什么变化引起？(2) 可以存在哪类物质中？(3) 两者是否都能引起热效应？规律是否相同？

5-6　有一导体滑片在两根平行的导轨上滑动，整个装置位于正弦时变磁场 $\boldsymbol{B}=\boldsymbol{e}_z 5\cos\omega t$ (mT) 中，如题 5-6 图所示，滑片的位置由 $x=0.35(1-\cos\omega t)$ m 确定，轨道终端接有电阻 $R=0.2\ \Omega$，试求电流 i。

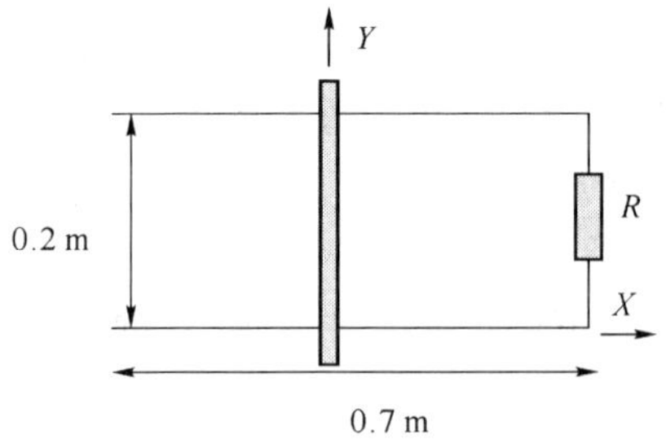

题 5-6 图

5-7　已知真空平板电容器的极板面积为 S，间距为 d，当外加电压 $U=U_0\sin\omega t$ 时，计算电容器中的位移电流，且证明它等于引线中的传导电流。

$\left(\text{答案：} i_d=\dfrac{U_0\omega\varepsilon_0 S}{d}\cos\omega t\right)$

5-8　一圆柱电容器内导体半径和外导体内半径分别为 a 和 b，长为 c，设外加电压 $V_0\sin\omega t$。试计算电容器极板间的总位移电流，证明它等于电容器的电流。

5-9　已知空气中电场强度 $\boldsymbol{E}(x,z,t)=\boldsymbol{a}_y 0.1\sin(10\pi x)\cos(6\pi\times10^9 t-\beta z)$ (V/m)。用麦克斯韦方程求 $H(x,z,t)$。

5-10　已知分界面一侧媒质 1 为空气，另一侧媒质 2 为干土，$\varepsilon_{r2}=3$，$\gamma_2=10^3$ S/m，现有 $\boldsymbol{E}_1=100\sin(1000t+30°)$ V/m，其方向与分界面法线成 45°角，求 $\boldsymbol{E}_2$。

5-11　证明无源自由空间中仅有随时间改变的场，如 $\boldsymbol{B}=\boldsymbol{B}_m\sin\omega t$（$B_m$ 为常矢量）不满足麦克斯韦方程。若将 t 换成 $\left(t-\dfrac{z}{c}\right)$，$c=\dfrac{1}{\sqrt{\mu\varepsilon}}$，则它可以满足麦克斯韦方程。

5-12 已知在空气中 $\boldsymbol{E}=\boldsymbol{e}_y 0.1\sin(10\pi x)\cos(6\pi\times10^9 t-\beta z)$ (V/m)，求 $\boldsymbol{H}$，β(提示，将 $\boldsymbol{E}$ 代入直角坐标中的波动方程，可求得 β)。

5-13 两导体平板($z=0$ 和 $z=d$)之间的空气中传输的电磁波电场强度矢量为

$$E=\boldsymbol{a}_y E_0\sin\left(\frac{\pi}{d}z\right)\cos(\omega t-k_x x)$$

其中，k_x 为常数。试求：(1)磁场强度矢量 $\boldsymbol{H}$；(2)两导体表面上的面电流密度 $\boldsymbol{J}_S$。

5-14 已知在空气中 $\boldsymbol{H}=-\mathrm{j}\boldsymbol{e}_y 2\cos(15\pi x)\mathrm{e}^{-\mathrm{j}\beta z}$，$f=3\times10^9$ Hz。求 $\boldsymbol{E}$，β(提示，将 $\boldsymbol{H}$ 代入直角坐标中的亥姆霍兹方程，可求得 β)。

5-15 已知 $\sigma=0$ 的均匀媒质中磁矢位为 $\boldsymbol{A}(r,t)=\boldsymbol{z}\cos kx\cos\omega t$，试求：(1) 标量电位 U；(2) 电场强度 $\boldsymbol{E}$；(3) 磁场强度 $\boldsymbol{H}$。

(答案：U=常量；$\boldsymbol{E}(\boldsymbol{r},t)=\boldsymbol{e}_z\omega\cos kx\sin\omega t$(V/m)；

$\boldsymbol{H}(\boldsymbol{r},t)=\boldsymbol{e}_y\dfrac{k}{\mu}\sin kx\cos\omega t$(A/m))

5-16 设 $z=0$ 处为空气与理想导体的分界面，$z<0$ 一侧为理想导体，分界面处的磁场强度为 $\boldsymbol{H}(x,y,0,t)=H_0\cos\beta x\cos(\omega t-\beta y)\boldsymbol{e}_x$。试求理想导体表面上的电流分布和分界面处的电场强度 $\boldsymbol{E}$ 的切线分量。

5-17 已知在理想介质($\sigma=0,\varepsilon=4\varepsilon_0,\mu=5\mu_0$)中位移电流密度为 $\boldsymbol{J}_{\mathrm{d}}=\boldsymbol{e}_x 2\cos(\omega t-5z)$ (μA/m^2)。求：(1) $\boldsymbol{D}(z,t)$ 和 $\boldsymbol{E}(z,t)$；(2) $\boldsymbol{B}(z,t)$ 和 $\boldsymbol{H}(z,t)$。

(答案：$\boldsymbol{D}(z,t)=\boldsymbol{e}_x\dfrac{2}{\omega}\sin(\omega t-5z)$($\mu$C/m^2)；$\boldsymbol{E}(z,t)=\boldsymbol{e}_x\dfrac{1}{2\omega\varepsilon_0}\sin(\omega t-5z)$($\mu$V/m)；

$\boldsymbol{B}(z,t)=\boldsymbol{e}_y\dfrac{5}{2\omega^2\varepsilon_0}\sin(\omega t-5z)$($\mu$T)；$\boldsymbol{H}(z,t)=\boldsymbol{e}_y\dfrac{5}{2\omega^2\varepsilon_0\mu_0}\sin(\omega t-5z)$($\mu$A/m))

5-18 在时变电磁场中，已知矢量位函数 $\boldsymbol{A}=A_{\mathrm{m}}\sin(\omega t-\beta z)\boldsymbol{e}_x$，其中 A_{m} 和 β 均为常数。试求电场强度 $\boldsymbol{E}$ 和磁场强度 $\boldsymbol{H}$。

5-19 已知自由空间中电磁波的两个场分量表达式为

$$E_x=1000\cos(\omega t-\beta z)\ (\mathrm{V/m})$$
$$H_y=2.65\cos(\omega t-\beta z)\ (\mathrm{A/m})$$

式中，$f=20$ MHz，$\beta=\omega\sqrt{\mu_0\varepsilon_0}=0.42$ rad/m。

求：(1) 瞬时坡印廷矢量；(2) 平均坡印廷矢量；

(3) 流入如题 5-19 图所示的平行六面体(长为 1 m，横截面为 0.25 m^2)中的净瞬时功率。

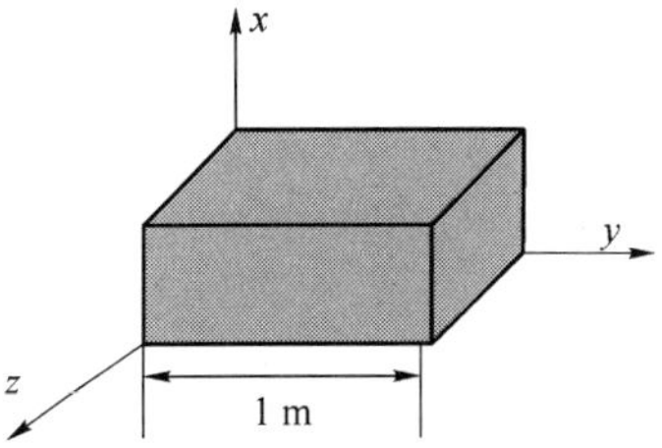

题 5-19 图

（答案：(1) $S=1325[1+\cos(8\pi\times10^7t-0.84z)]\boldsymbol{e}_z(\mathrm{W/m^2})$；(2) $S_{\mathrm{av}}=1325\boldsymbol{e}_z(\mathrm{W/m^2})$；

(3) $P=-270.14\cos(8\pi\times10^7t-0.42)(\mathrm{W})$）

5-20 已知一电磁波的电场和磁场的分量表达式为 $\boldsymbol{E}=1000\cos(\omega t-\beta z)\boldsymbol{e}_x(\mathrm{V/m})$ 和 $\boldsymbol{H}=2.65\cos(\omega t-\beta z)\boldsymbol{e}_y(\mathrm{A/m})$。试写出坡印廷矢量 $\boldsymbol{S}$。

5-21 已知真空中的电场强度 $\boldsymbol{E}=\boldsymbol{e}_xE_0\cos k_0(z-ct)+\boldsymbol{e}_yE_0\cos k_0(z-ct)$，式中 $k_0=\dfrac{2\pi}{\lambda_0}=\dfrac{\omega}{c}$。(1) 试求磁场强度和坡印廷矢量的瞬时值；(2) 对于给定的 z 值（如 $z=0$），试确定 E 随时间变化的轨迹；(3) 试求磁场能量密度、电场能量密度和坡印廷矢量的时间平均值。

（答案：(1) $H=\boldsymbol{e}_x\dfrac{E_0}{\mu_0c}\cos k_0(z-ct)-\boldsymbol{e}_y\dfrac{E_0}{\mu_0c}\cos k_0(z-ct)$，$S=-\boldsymbol{e}_z\dfrac{E_0^2}{\mu_0c}$；

(2) E 随时间变化的轨迹是圆；

(3) $\omega_{\mathrm{av,e}}=\dfrac{1}{2}\varepsilon_0E_0^2$，$\omega_{\mathrm{av,m}}=\dfrac{1}{2}\varepsilon_0E_0^2$，$S_{\mathrm{av}}=-\boldsymbol{e}_z\dfrac{E_0^2}{2\mu_0c}$）

5-22 在无源（$\rho=0,J=0$）、$\mu=\mu_0$、$\varepsilon=\varepsilon_0$ 的空间中，一电磁波的电场强度 $E(r,t)=\boldsymbol{a}_yE_m\cos(wt-\beta z)$。(1) 试证明 $\dfrac{\omega}{\beta}=c$（光速）；(2) 若电磁波的电场表达式变为 $E(r,t)=\boldsymbol{a}_yE_m\sin(k'x)\cos(wt-\beta z)$，问 $\dfrac{\omega}{\beta}=c$ 是否还能成立？

第6章 平面电磁波的传播

在电磁波中，变化的电场产生变化的磁场，变化的磁场又产生变化的电场，伴随着电场和磁场的传播是能量的传输。光波、无线电波等都是电磁波，它们在空间不借助任何媒质就能传播。本章从电磁场的基本方程出发，首先介绍电磁波动方程，然后介绍电磁波中最简单的形态——均匀平面电磁波在理想介质和导电媒质中的情况。

6.1 电磁波动方程和平面电磁波

6.1.1 自由空间电磁波动方程

设自由空间为各向同性、线性、均匀媒质，考虑 $\rho_f=0$，$\boldsymbol{J}_f=0$，则电磁场基本方程组可写为

$$\nabla\times\boldsymbol{H}=\gamma\boldsymbol{E}+\varepsilon\frac{\partial\boldsymbol{E}}{\partial t}\tag{6-1}$$

$$\nabla\times\boldsymbol{E}=-\mu\frac{\partial\boldsymbol{H}}{\partial t}\tag{6-2}$$

$$\nabla\cdot\boldsymbol{H}=0\tag{6-3}$$

$$\nabla\cdot\boldsymbol{E}=0\tag{6-4}$$

对式(6-1)两端求旋度，左边

$$\nabla\times\nabla\times\boldsymbol{H}=\nabla(\nabla\cdot\boldsymbol{H})-\nabla^2\boldsymbol{H}$$

右边

$$\nabla\times\left(\gamma\boldsymbol{E}+\varepsilon\frac{\partial\boldsymbol{E}}{\partial t}\right)=\gamma\nabla\times\boldsymbol{E}+\varepsilon\frac{\partial}{\partial t}(\nabla\times\boldsymbol{E})=-\gamma\mu\frac{\partial\boldsymbol{H}}{\partial t}-\mu\varepsilon\frac{\partial^2\boldsymbol{H}}{\partial t^2}$$

利用式(6-3)，则有

$$\nabla^2\boldsymbol{H}-\gamma\mu\frac{\partial\boldsymbol{H}}{\partial t}-\mu\varepsilon\frac{\partial^2\boldsymbol{H}}{\partial t^2}=0\tag{6-5}$$

同理对式(6-2)两边取旋度，再代入式(6-1)、式(6-4)等，可推得

$$\nabla^2\boldsymbol{E}-\gamma\mu\frac{\partial\boldsymbol{E}}{\partial t}-\mu\varepsilon\frac{\partial^2\boldsymbol{E}}{\partial t^2}=0\tag{6-6}$$

式(6-5)和式(6-6)为自由空间电磁波动方程，也称一般的波动方程。

从形式上看，**H** 和 **E** 满足的方程在数学上属同一类方程。对于电场 **E** 或磁场 **H** 的各个分量，若用统一的标量符号 $\varphi(r,t)$ 来表示，就可以将原问题转化成标量方程的求解问题

$$\nabla^2\varphi-\gamma\mu\frac{\partial\varphi}{\partial t}-\gamma\varepsilon\frac{\partial^2\varphi}{\partial t^2}=0 \tag{6-7}$$

6.1.2 平面电磁波及基本性质

对于电磁波传播过程中的某一时刻 t，空间电磁场中 **H** 和 **E** 具有相同相位的点构成的面称为等相面，又称为波阵面。如果电磁波的等相面为平面，称这种电磁波为平面电磁波。

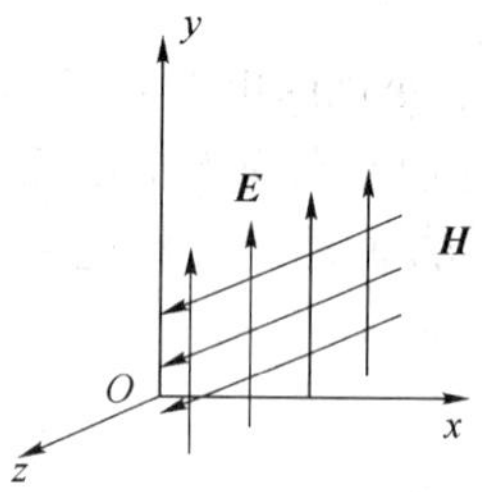

图 6.1 向 x 方向传播的均匀平面波

如果在平面电磁波等相面(波阵面)上的每一点处，电场 **E** 均相同，磁场 **H** 也相同，这样的平面电磁波称为均匀平面电磁波。在很多情况下，许多实际存在的复杂电磁波都可分解成均匀平面电磁波来处理。因此应当着重分析、研究均匀平面电磁波。

在一空间设定直角坐标系，均匀平面电磁波的波阵面平行于 yoz 平面，如图 6.1 所示。

由均匀平面电磁波的定义可知，在其波阵面上，场强 **H** 或 **E** 值处处相等，与坐标 y 和 z 无关。因此，场强 **H** 或 **E** 仅是时间 t 和坐标 x 的函数，即 $\boldsymbol{E}=\boldsymbol{E}(x,t)$ 和 $\boldsymbol{H}=\boldsymbol{H}(x,t)$，电磁波向 x 方向转播。将场强 **H** 和 **E** 分别代入波动方程(6.5)和(6.6)，得

$$\frac{\partial^2\boldsymbol{H}(x,t)}{\partial x^2}-\gamma\mu\frac{\partial\boldsymbol{H}(x,t)}{\partial t}-\mu\varepsilon\frac{\partial^2\boldsymbol{H}(x,t)}{\partial t^2}=0 \tag{6-8}$$

$$\frac{\partial^2\boldsymbol{E}(x,t)}{\partial x^2}-\gamma\mu\frac{\partial\boldsymbol{E}(x,t)}{\partial t}-\mu\varepsilon\frac{\partial^2\boldsymbol{E}(x,t)}{\partial t^2}=0 \tag{6-9}$$

称式(6-8)～式(6-9)为到一维波动方程。

将 $\boldsymbol{E}=\boldsymbol{E}(x,t)$ 和 $\boldsymbol{H}=\boldsymbol{H}(x,t)$ 代入式(6-1)和式(6-2)，并在直角坐标系中展开得

$$0=\gamma E_x+\varepsilon\frac{\partial E_x}{\partial t} \tag{6-10A}$$

$$\frac{\partial H_z}{\partial x}=-\gamma E_y-\varepsilon\frac{\partial E_y}{\partial t} \tag{6-10B}$$

$$\frac{\partial H_y}{\partial x}=\gamma E_z+\varepsilon\frac{\partial E_z}{\partial t} \tag{6-10C}$$

$$0=\mu\frac{\partial H_x}{\partial t} \tag{6-10D}$$

$$\frac{\partial E_z}{\partial x}=\mu\frac{\partial H_y}{\partial t} \tag{6-10E}$$

$$\frac{\partial E_y}{\partial x}=-\mu\frac{\partial H_z}{\partial t} \tag{6-10F}$$

分析上面的微分方程，可知均匀平面电磁波有如下的特点：

(1) 均匀平面电磁波是一横电磁波。

由上面的式(6-10D)可知，H_x 是与时间无关的常量，在电磁波动问题中，常量没有实际意义，故可取 $H_x=0$。这表明，当电磁波的传播方向为 x 轴正方向时，均匀平面电磁波中电场 $\boldsymbol{E}$ 和磁场 $\boldsymbol{H}$ 都在垂直于波传播方向(x 轴)的平面内，没有沿 x 正方向的分量。这样的电磁波称为横电磁波，常用 TEM 波表示。

(2) 均匀平面电磁波的电场 $\boldsymbol{E}$ 方向、磁场 $\boldsymbol{H}$ 方向和波的传播方向三者两两相互垂直，且满足右手螺旋法则。

由式(6-10)可知，电场 $\boldsymbol{E}$ 既有 y 分量，又有 z 分量，则磁场 $\boldsymbol{H}$ 也既有 y 分量，又有 z 分量，但是它们各自相互垂直，且都与波传播方向垂直。若调整坐标系，使电场 $\boldsymbol{E}$ 只有分量 E_y，则磁场就仅有 H_z 分量；若电场 $\boldsymbol{E}$ 只有分量 E_z，则磁场就仅有 E_y 分量。

用单位矢量 $\boldsymbol{e}_E$、$\boldsymbol{e}_H$ 和 $\boldsymbol{e}_{电磁波}$ 分别表示 $\boldsymbol{E}$、$\boldsymbol{H}$ 的方向和电磁波的传播方向，有

$$\boldsymbol{e}_{电磁波}=\boldsymbol{e}_E\times\boldsymbol{e}_H$$

$$\boldsymbol{e}_E=\boldsymbol{e}_H\times\boldsymbol{e}_{电磁波},\boldsymbol{e}_H=\boldsymbol{e}_{电磁波}\times\boldsymbol{e}_E$$

满足右手螺旋法则。

(3) 分量 E_y 和 H_z 构成一组平面波，分量 E_z 和 H_y 构成另一组平面波。

E_y 和 H_z、E_z 和 H_y 这两组分量彼此独立，关系对等，其分量求解过程相同。因此，在以后的讨论中，便可只分析 E_y 和 H_z 构成的一组平面波，以揭示均匀平面电磁波的传播特性。

对于由分量 E_y 和 H_z 构成的平面电磁波：$\boldsymbol{E}=E_y(x,t)\boldsymbol{e}_y$，$\boldsymbol{H}=H_z(x,t)\boldsymbol{e}_z$，则一维波动方程(6-8)和(6-9)变为一维波动方程：

$$\frac{\partial^2 H_z}{\partial x^2}-\gamma\mu\frac{\partial H_z}{\partial t}-\mu\varepsilon\frac{\partial^2 H_z}{\partial t^2}=0 \tag{6-11}$$

$$\frac{\partial^2 E_y}{\partial x^2}-\gamma\mu\frac{\partial E_y}{\partial t}-\mu\varepsilon\frac{\partial^2 E_y}{\partial t^2}=0 \tag{6-12}$$

6.2　理想介质中的均匀平面电磁波

6.2.1　一维波动方程的解及其物理意义

对于理想介质，$\gamma=0$，波动方程式(6-10)和式(6-11)可简化为

$$\frac{\partial^2 H_z}{\partial x^2}-\mu\varepsilon\frac{\partial^2 H_z}{\partial t^2}=0 \tag{6-13}$$

$$\frac{\partial^2 E_y}{\partial x^2}-\mu\varepsilon\frac{\partial^2 E_y}{\partial t^2}=0 \tag{6-14}$$

其形式解分别为

$$E_y=E_y^+(x,t)+E_y^-(x,t)=f_1\left(t-\frac{x}{v}\right)+f_2\left(t+\frac{x}{v}\right) \tag{6-15}$$

$$H_z=H_z^+(x,t)+H_z^-(x,t)=g_1\left(t-\frac{x}{v}\right)+g_2\left(t+\frac{x}{v}\right) \tag{6-16}$$

式中，$v=\dfrac{1}{\sqrt{\mu\varepsilon}}$为理想介质中均匀平面波的传播速率。

分析式(6-15)和式(6-16)的形式解，可得均匀平面波的传播特点：

(1) $E_y^+(x,t)$和$H_z^+(x,t)$分别是沿x轴正向行波的电场分量和磁场分量，称为入射波；$E_y^-(x,t)$和$H_z^-(x,t)$则分别是沿x轴反向行波的电场分量和磁场分量，称为反射波。波的具体形式由产生该波的激励方式有关。

(2) 波的传播速率$v=\dfrac{1}{\sqrt{\mu\varepsilon}}=\dfrac{c}{\sqrt{\mu_r\varepsilon_r}}=\dfrac{c}{n}$是一常数，它仅与媒质参数有关。在自由空间中，$v=c=299\,792\,458$ m/s。n称为介质的折射率，$n>1$，可见电磁波在理想介质中的传播速率小于其在自由空间中的传播速率。

(3) 将入射波$E_y^+(x,t)=f_1\left(t-\dfrac{x}{v}\right)$代入式$\dfrac{\partial E_y}{\partial x}=-\mu\dfrac{\partial H_z}{\partial t}$中，有

$$\frac{\partial H_z^+}{\partial t}=-\frac{1}{\mu}\frac{\partial E_y^+}{\partial x}=-\frac{1}{\mu}\left(-\frac{1}{v}\right)f'_1\left(t-\frac{x}{v}\right)=\sqrt{\frac{\varepsilon}{\mu}}f'_1\left(t-\frac{x}{v}\right)$$

从而可得

$$H_z^+(x,t)=\sqrt{\frac{\varepsilon}{\mu}}f_1\left(t-\frac{x}{v}\right)=\sqrt{\frac{\varepsilon}{\mu}}E_y^+(x,t) \tag{6-17}$$

同理，可得反射波$H_z^-(x,t)$的表达式：

$$H_z^-(x,t)=-\sqrt{\frac{\varepsilon}{\mu}}f_1\left(t+\frac{x}{v}\right)=-\sqrt{\frac{\varepsilon}{\mu}}E_y^-(x,t) \tag{6-18}$$

且有

$$\frac{E_y^+(x,t)}{H_z^+(x,t)}=\sqrt{\frac{\mu}{\varepsilon}}=Z_0 \tag{6-19}$$

称为波的欧姆定律，其中：$Z_0=\sqrt{\dfrac{\mu}{\varepsilon}}$称为理想介质的波阻抗的定义式，单位为欧姆。

对反射波，也有

$$\frac{E_y^-(x,t)}{H_z^-(x,t)}=-\sqrt{\frac{\mu}{\varepsilon}}=-Z_0 \tag{6-20}$$

(4) 对于入射波，空间任意点在某一时刻的电场能量密度和磁场能量密度相等，所以总电磁能量密度

$$\begin{aligned} w&=w_e+w_m=\frac{1}{2}\varepsilon(E_y^+)^2+\frac{1}{2}\mu(H_z^+)^2\\ &=\varepsilon(E_y^+)^2=\mu(H_z^+)^2 \end{aligned} \tag{6-21}$$

坡印廷矢量为

$$\begin{aligned} \boldsymbol{S}^+(x,t)&=E_y^+(x,t)\boldsymbol{e}_y\times H_z^+(x,t)\boldsymbol{e}_z\\ &=\sqrt{\frac{\mu}{\varepsilon}}(H_z^+)^2\boldsymbol{e}_x \end{aligned} \tag{6-22}$$

它表明，在理想介质中电磁波能量流动的方向与波传播的方向一致，电磁能流密度的量值等于电磁能量密度w和波的传播速率v的乘积：

$$\boldsymbol{S}^{+}(x,t)=vw\boldsymbol{e}_x \tag{6-23}$$

由上可知，理想介质中电磁波携带电磁能量传播，且由相同的波动速率。对于反射波，也有与此类似的结论。

6.2.2　理想介质中的正弦均匀平面波

对于最简单，也是最常见的时变场——正弦时变场，电磁波的电场强度和磁场强度可用相量来表示，即

$$H_z(x,t)\Rightarrow \mathrm{Re}(\dot{H}_z(x)\mathrm{e}^{\mathrm{j}\omega t})$$

$$E_y(x,t)\Rightarrow \mathrm{Re}(\dot{E}_y(x)\mathrm{e}^{\mathrm{j}\omega t})$$

这时，波动方程的表达形式变为

$$\frac{\mathrm{d}^2\dot{H}_z}{\mathrm{d}x^2}-(\mathrm{j}\omega)^2\mu\varepsilon\dot{H}_z=0$$

$$\frac{\mathrm{d}^2\dot{E}_y}{\mathrm{d}x^2}-(\mathrm{j}\omega)^2\mu\varepsilon\dot{E}_y=0$$

令 $k=\mathrm{j}\beta=\mathrm{j}\omega\sqrt{\mu\varepsilon}=\mathrm{j}\dfrac{\omega}{v}$，$k$ 称为理想介质中波的传播常数，β 称为相位常数。上面两个方程成为

$$\frac{\mathrm{d}^2\dot{H}_z}{\mathrm{d}x^2}-k^2\dot{H}_z=0 \tag{6-24}$$

$$\frac{\mathrm{d}^2\dot{E}_y}{\mathrm{d}x^2}-k^2\dot{E}_y=0 \tag{6-25}$$

这是两个二阶常系数微分方程，通解分别为

$$\dot{E}_y(x)=\dot{E}_y^{+}\mathrm{e}^{-kx}+\dot{E}_y^{-}\mathrm{e}^{kx} \tag{6-26}$$

$$\dot{H}_z(x)=\dot{H}_z^{+}\mathrm{e}^{-kx}+\dot{H}_z^{-}\mathrm{e}^{kx} \tag{6-27}$$

积分常数 $\dot{E}_y^{+}$、$\dot{E}_y^{-}$、$\dot{H}_z^{+}$ 和 $\dot{H}_z^{-}$ 都是复常数，它们的大小和相位由定解条件决定。式中左边第一项表示入射波，第二项表示反射波。考虑在无限大的均匀介质中不存在反射波，有

$$\dot{E}_y(x)=\dot{E}_y^{+}\mathrm{e}^{-kx}=\dot{E}_y^{+}\mathrm{e}^{-\mathrm{j}\beta x} \tag{6-28}$$

$$\dot{H}_z(x)=\dot{H}_z^{+}\mathrm{e}^{-kx}=\dot{H}_z^{+}\mathrm{e}^{-\mathrm{j}\beta x} \tag{6-29}$$

波阻抗

$$Z_0=\frac{\dot{E}_y^{+}(x)}{\dot{H}_z^{+}(x)}=\sqrt{\frac{\mu}{\varepsilon}}$$

为常数，显然电场强度和磁场强度同相。设初相角为 ϕ，场量相应的瞬态表示式分别为

$$\boldsymbol{E}(x,t)=\sqrt{2}E_y^{+}\cos(\omega t-\beta x+\phi)\boldsymbol{e}_y \tag{6-30}$$

$$\boldsymbol{H}(x,t)=\sqrt{2}H_z^{+}\cos(\omega t-\beta x+\phi)\boldsymbol{e}_z \tag{6-31}$$

式(6-30)和式(6-31)表明，在无限大理想介质中场矢量随时间作正弦变化的稳态解。此时的电场和磁场既是时间的周期函数，又是空间坐标的周期函数。

图 6.2 表示理想介质中正弦均匀平面波的传播特点：

(1) 正弦均匀平面波在理想介质中传播不衰减，其等相面又是等幅面；

(2) 电场和磁场在相位上同相，它们和电磁波的传播方向保持右手螺旋法则：

$$\begin{aligned} \boldsymbol{e}_S &= \boldsymbol{e}_E \times \boldsymbol{e}_H \\ \boldsymbol{e}_E &= \boldsymbol{e}_H \times \boldsymbol{e}_S \\ \boldsymbol{e}_H &= \boldsymbol{e}_S \times \boldsymbol{e}_E \end{aligned} \tag{6-32}$$

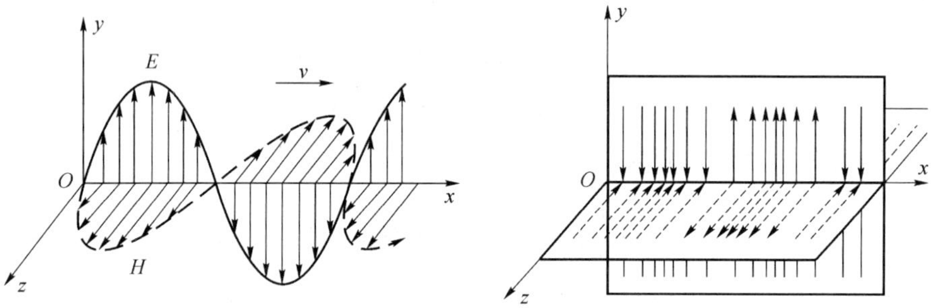

图 6.2　在理想介质中沿 x 正方向传播的正弦均匀平面波

(3) 相速 v_p、相位常数 β、频率 f、波长 λ，分析相位因子 $(\omega t-\beta x+\phi)$，有：

① $t=0, x=0$ 处的相位为零，这时电场和磁场都处在零值；

② 在 t 时刻，电磁波的零点移到 $\omega t-\beta x=0$ 处，即 $x=\frac{\omega}{\beta}t$。因此，$\cos(\omega t-\beta x)$ 代表一沿 x 正方向传播的平面波，其相位相同的点移动的速率为

$$v_P=\frac{\mathrm{d}x}{\mathrm{d}t}=\frac{\omega}{\beta}=\frac{1}{\sqrt{\mu\varepsilon}} \tag{6-33}$$

v_P 也称为波的相速。在无限大理想介质中，相速和波速相同，且都与频率无关。

相位常数：$\beta=\frac{\omega}{v_P}=\frac{2\pi}{\lambda}$ (rad/m)表示波行进单位长度引起的相位变化。

正弦电磁波的波长为

$$\lambda=vT=\frac{v}{f}=\frac{\omega}{f\beta}=\frac{2\pi}{\beta} \tag{6-34}$$

即波长表示在波传播方向上相位改变 2π 时两点的间距。

(4) 坡印廷矢量和坡印廷矢量的平均值：

坡印廷矢量

$$\begin{aligned} \boldsymbol{S} &= \boldsymbol{E}\times\boldsymbol{H}=E_y\boldsymbol{e}_y\times H_z\boldsymbol{e}_z=E_yH_z\boldsymbol{e}_x \\ &=2E_yH_z\cos^2(\omega t-\beta x+\psi_E)\boldsymbol{e}_x \end{aligned}$$

在与电磁波传播方向相垂直的单位面积上传输的平均功率——坡印廷矢量的平均值

$$S_{av}=\frac{1}{T}\int_0^T S\mathrm{d}t=\left[\frac{1}{T}\int_0^T 2E_yH_z\cos^2(\omega t-\beta x+\psi_E)\mathrm{d}t\right]\boldsymbol{e}_x$$
$$=2E_yH_z\left\{\frac{1}{T}\int_0^T\frac{1}{2}[1+\cos 2(\omega t-\beta x+\psi_E)]\mathrm{d}t\right\}\boldsymbol{e}_x$$
$$=E_yH_z\left[1+\frac{1}{T}\int_0^T\cos 2(\omega t-\beta x+\psi_E)\mathrm{d}t\right]\boldsymbol{e}_x$$
$$=E_yH_z\boldsymbol{e}_x$$

6.2.3　计算举例

例 6-1　已知自由空间中电磁波的电场强度表达式为

$$\boldsymbol{E}=50\cos(6\pi\times10^8t-\beta x)\boldsymbol{e}_y(\mathrm{V/m})$$

(1) 试问此波是否是均匀平面电磁波？求出该波的频率 f、波长 λ、波速 v、相位常数 β 和波传播方向，并写出磁场强度的表达式。

(2) 若在 $x=x_0$ 处垂直地放置一半径 $R=2.5$ m 的圆环，求穿过它的平均电磁功率。

解：(1)从电场强度的表达式可知，该电磁波沿正 x 方向传播，电场有 y 方向分量，在与 x 轴垂直的平面上各点电场强度的大小相等，可知该电磁波是均匀平面电磁波。

由于 $\omega=6\pi\times10^8$ Hz，所以

$$f=\frac{\omega}{2\pi}=\frac{6\pi\times10^8}{2\pi}=3\times10^8\ \mathrm{Hz}$$
$$v=\frac{1}{\sqrt{\mu_0\varepsilon_0}}=3\times10^8\ \mathrm{m/s}$$
$$\lambda=\frac{v}{f}=1\ \mathrm{m}$$
$$\beta=\frac{2\pi}{\lambda}=2\pi=6.28\ \mathrm{rad/m}$$
$$Z_0=\sqrt{\frac{\mu_0}{\varepsilon_0}}=377\ \Omega$$

于是

$$\boldsymbol{H}=(\boldsymbol{e}_s\times\boldsymbol{e}_E)\frac{E}{Z_0}=\boldsymbol{e}_s\times\frac{E}{Z_0}=\boldsymbol{e}_x\times\frac{E}{Z_0}$$
$$=\boldsymbol{e}_x\times\frac{50}{Z_0}\cos(6\pi\times10^8t-\beta x)\boldsymbol{e}_y$$
$$=0.132\,6\cos 6\pi(10^8t-x)\boldsymbol{e}_z(\mathrm{A/m})$$

(2) 坡印廷矢量的平均值为

$$\boldsymbol{S}_{av}=E_yH_z\boldsymbol{e}_x=\frac{1}{2}E_{my}H_{mz}\boldsymbol{e}_x=3.316\boldsymbol{e}_x(\mathrm{W/m^2})$$

沿 x 方向平均电磁功率密度为

$$|\boldsymbol{S}_{av}|=3.316\ (\mathrm{W/m^2})$$

穿过圆环的平均电磁功率为

$$P=|\boldsymbol{S}_{av}|S=3.316\cdot\pi R^2=65.1\ \mathrm{W}$$

例 6-2 在频率为 100 MHz 的正弦均匀平面波，$\boldsymbol{E}=E_y\boldsymbol{e}_y$，在 $\varepsilon_r=4$，$\mu_r=1$ 的理想介质中沿 x 的正方向传播。当 $t=0$，$x=1/8$ m 时，电场 $\boldsymbol{E}$ 的最大值为 10^{-4} V/m，试求：

(1) 波长、相速和相位常数；

(2) $\boldsymbol{E}$ 和 $\boldsymbol{H}$ 的瞬时表达式；

(3) $t=10^{-8}$ s 时，$\boldsymbol{E}$ 为最大正值的位置。

解：(1)
$$v=\frac{1}{\sqrt{\mu\varepsilon}}=\frac{c}{\sqrt{\varepsilon_r\mu_r}}=\frac{c}{2}=1.5\times10^8 \text{ m/s}$$

$$\beta=\frac{\omega}{v}=\frac{2\pi\times10^8}{1.5\times10^8}=\frac{4\pi}{3} \text{ rad/m}$$

$$\lambda=\frac{2\pi}{\beta}=\frac{3}{2} \text{ m}$$

(2) 设 $\boldsymbol{E}(x,t)=E_m\sin(\omega t-\beta x+\phi)\boldsymbol{e}_y$，$t=0$，$x=1/8$ m 时，$E_m=10^{-4}$，则

$$\phi-\beta x=\frac{\pi}{2},\quad \phi=\frac{\pi}{2}+\frac{4\pi}{3}\times\frac{1}{8}=\frac{2}{3}\pi$$

波阻抗：$Z_0=\sqrt{\dfrac{\mu}{\varepsilon}}=\sqrt{\dfrac{\mu_\gamma\mu_0}{\varepsilon_\gamma\varepsilon_0}}=\dfrac{120\pi}{2}=60\pi$

$$\boldsymbol{E}(x,t)=10^{-4}\sin\left(2\pi\times10^8 t-\frac{4\pi}{3}x+\frac{2\pi}{3}\right)\boldsymbol{e}_y(\text{V/m})$$

$$\begin{aligned}\boldsymbol{H}&=\boldsymbol{e}_x\times\frac{\boldsymbol{E}}{Z_0}=\boldsymbol{e}_x\times\frac{10^{-4}}{Z_0}\sin(2\pi\times10^8 t-\beta x+\psi_E)\boldsymbol{e}_y\\&=\frac{10^{-4}}{60\pi}\sin\left(2\pi\times10^8 t-\frac{4\pi}{3}x+\frac{2\pi}{3}\right)\boldsymbol{e}_z(\text{A/m})\end{aligned}$$

(3) 为使 $\boldsymbol{E}$ 达到最大正值，应有

$$\omega t-\beta x+\phi=2\pi\times10^8\times10^{-8}-\frac{4\pi}{3}x+\frac{2\pi}{3}=\pm2n\pi+\frac{\pi}{2}$$

此时：$x=\dfrac{1}{8}\pm\dfrac{3}{2}n=\dfrac{1}{8}\pm n\lambda\qquad(n=0,1,2,\cdots)$

6.3 导电媒质中的均匀平面电磁波

当导电媒质中有电磁波存在，就将出现传导电流 $\boldsymbol{J}=\gamma\boldsymbol{E}$，产生电磁能量损耗，这使得在导电媒质中电磁波的传播特性与在理想介质中有很大不同。本节主要研究正弦均匀平面电磁波在导电媒质中的传播规律。

6.3.1 导电媒质中正弦均匀平面波的传播

在无限大各向同性、线性、均匀导电媒质中，有媒质的构成方程 $\boldsymbol{D}=\varepsilon\boldsymbol{E}$、$\boldsymbol{B}=\mu\boldsymbol{H}$ 及 $\boldsymbol{J}=\gamma\boldsymbol{E}$，当有正弦均匀平面电磁波沿 x 的正向入射，若取 $\boldsymbol{E}=E_y(x,t)\boldsymbol{e}_y$，则 $\boldsymbol{H}=H_z(x,t)\boldsymbol{e}_z$，由均匀平面电磁波的波动方程

$$\frac{\partial^2 H_z}{\partial x^2}-\gamma\mu\frac{\partial H_z}{\partial t}-\mu\varepsilon\frac{\partial^2 H_z}{\partial t^2}=0$$

$$\frac{\partial^2 E_y}{\partial x^2}-\gamma\mu\frac{\partial E_y}{\partial t}-\mu\varepsilon\frac{\partial^2 E_y}{\partial t^2}=0$$

得到波动方程的相量表示形式

$$\frac{\mathrm{d}^2\dot{H}_z}{\mathrm{d}x^2}-\mathrm{j}\omega\mu\gamma\dot{H}_z-(\mathrm{j}\omega)^2\mu\varepsilon\dot{H}_z=0 \tag{6-35}$$

$$\frac{\mathrm{d}^2\dot{E}_y}{\mathrm{d}x^2}-\mathrm{j}\omega\mu\gamma\dot{E}_y-(\mathrm{j}\omega)^2\mu\varepsilon\dot{E}_y=0 \tag{6-36}$$

取以上两方程中非微分项的系数

$$\mathrm{j}\omega\mu\gamma+(\mathrm{j}\omega)^2\mu\varepsilon=(\mathrm{j}\omega)^2\mu\left(\varepsilon-\mathrm{j}\frac{\gamma}{\omega}\right)$$

令

$$\varepsilon'=\varepsilon-\mathrm{j}\frac{\gamma}{\omega} \tag{6-37}$$

称之为等效介电常数。取

$$k^2=(\mathrm{j}\omega)^2\mu\left(\varepsilon-\mathrm{j}\frac{\gamma}{\omega}\right)$$

即

$$k=\mathrm{j}\omega\sqrt{\mu\varepsilon'}=\alpha+\mathrm{j}\beta \tag{6-38}$$

k 的形式与理想介质中的波传播常数相同，也称 k 为导电媒质中的波传播常数，问题在于 k 出现了实部。式(6-35)和式(6-36)则变成为

$$\frac{\mathrm{d}^2\dot{H}_z}{\mathrm{d}x^2}-k^2\dot{H}_z=0 \tag{6-39}$$

$$\frac{\mathrm{d}^2\dot{E}_y}{\mathrm{d}x^2}-k^2\dot{E}_y=0 \tag{6-40}$$

可以，只要将导电媒质的等效介电常数代替理想介质中的介电常数，便可采用与理想介质中相同的均匀平面电磁波相应的表达式来表示导电媒质中均匀平面电磁波的行为，即

$$\dot{E}_y(x)=\dot{E}_y^+\mathrm{e}^{-kx}=\dot{E}_y^+\mathrm{e}^{-\alpha x}\mathrm{e}^{-\mathrm{j}\beta x} \tag{6-41}$$

$$\dot{H}_z(x)=\dot{H}_z^+\mathrm{e}^{-kx}=\dot{H}_z^+\mathrm{e}^{-\alpha x}\mathrm{e}^{-\mathrm{j}\beta x} \tag{6-42}$$

设 $\dot{E}_y(x)$ 和 $\dot{H}_z(x)$ 的初相角分别为 ϕ_E、ϕ_H，相应的瞬态表示式为

$$E_y(x,t)=\sqrt{2}E_y^+\mathrm{e}^{-\alpha x}\cos(\omega t-\beta x+\phi_E) \tag{6-43}$$

$$H_z(x,t)=\sqrt{2}H_z^+\mathrm{e}^{-\alpha x}\cos(\omega t-\beta x+\phi_H) \tag{6-44}$$

分析正弦均匀平面电磁波在导电媒质中传播的特点：

(1) 电场和磁场的振幅沿 $+x$ 方向按指数规律衰减。

由瞬态表示式可知，在某一时刻，电场和磁场的振幅沿 $+x$ 方向按指数规律衰减，如图 6.3 所示。α 称为衰减常数，单位为奈伯/米(Np/m)，它决定导电媒质中电磁波衰减的速率。相位常数 β 决定传播过程中波相位的改变量。

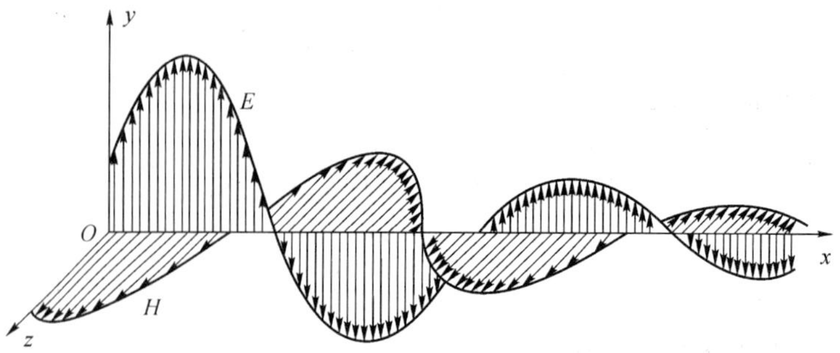

图 6.3　导电媒质中正弦均匀平面电磁波在某时刻沿传播方向的分布

(2) 导电媒质中电磁波的相速小于理想介质中的相速，相速 v_P 不仅与媒质的特性有关，还与波的频率有关。

由波传播系数的定义式

$$k=j\omega\sqrt{\mu\varepsilon'}=\alpha+j\beta$$

$$(\alpha^2-\beta^2)+j(2\alpha\beta)=-\omega^2\mu\varepsilon'=-\omega^2\mu\varepsilon\left(1-j\frac{\gamma}{\omega\varepsilon}\right)$$

按实部和虚部得两个方程

$$\alpha^2-\beta^2=-\omega^2\mu\varepsilon$$

$$2\alpha\beta=\omega\mu\gamma$$

二式联立求解，可得衰减常数 α 和相位常数 β，即

$$\alpha=\omega\sqrt{\frac{\mu\varepsilon}{2}\left(\sqrt{1+\frac{\gamma^2}{\omega^2\varepsilon^2}}-1\right)} \tag{6-45}$$

$$\beta=\omega\sqrt{\frac{\mu\varepsilon}{2}\left(\sqrt{1+\frac{\gamma^2}{\omega^2\varepsilon^2}}+1\right)} \tag{6-46}$$

则导电媒质中电磁波的相速为

$$v_P=\frac{\omega}{\beta}=\frac{1}{\sqrt{\frac{\mu\varepsilon}{2}\left(\sqrt{1+\frac{\gamma^2}{\omega^2\varepsilon^2}}+1\right)}} \tag{6-47}$$

当 $\gamma=0$ 时，$\alpha=0$，$\beta=\omega\sqrt{\mu\varepsilon}$，$v_P=\frac{\omega}{\beta}=\frac{1}{\sqrt{\mu\varepsilon}}$，就是理想介质中的情况。

一般而言，导电媒质中的电磁波相速小于理想介质中的相速。在导电媒质中，相速 v_P 不仅与媒质的特性有关，还与波的频率有关，所以在同一导电媒质中，不同频率波的传播速度及波长不相同。这种波的传播速度与频率有关的现象称为色散，这时的媒质称为色散媒质。由此可见，导电媒质是色散媒质，而前面提及的理想介质，波速及波长均与频率无关，是非色散媒质。

(3) 导电媒质中的波阻抗为

$$Z_0=\frac{\dot{E}_y(x)}{\dot{H}_z(x)}=\sqrt{\frac{\mu}{\varepsilon'}}=\sqrt{\frac{\mu}{\varepsilon+\frac{\gamma}{j\omega}}}=|Z_0|e^{j\varphi_m} \tag{6-48}$$

上式表明波阻抗为一复数，相位角为 $\phi_m=\phi_E-\phi_H$，即在空间同一点电场和磁场存在相位差，在时间上电场比磁场的相位超前。

(4) 在电磁波的传播过程中伴随着能量的损耗。

坡印亭矢量和坡印亭矢量的平均值为

$$\begin{aligned}\boldsymbol{S}(x,t)&=\boldsymbol{E}(x,t)\times\boldsymbol{H}(x,t)\\&=2E_yH_z\mathrm{e}^{-2\alpha x}\cos(\omega t-\beta x+\phi_E)\cos(\omega t-\beta x+\phi_H)\boldsymbol{e}_x\\&=E_yH_z\mathrm{e}^{-2\alpha x}\{\cos\phi_m+\cos[2(\omega t-\beta x)+\phi_E+\phi_H]\}\boldsymbol{e}_x\end{aligned}\tag{6-49}$$

$$\begin{aligned}\boldsymbol{S}_{av}(x)&=\frac{1}{T}\int_0^T\boldsymbol{S}(x,t)\mathrm{d}t\\&=E_yH_z\mathrm{e}^{-2\alpha x}\left\{\cos\phi_m+\frac{1}{T}\int_0^T\cos[2(\omega t-\beta x)+\phi_E+\phi_H]\mathrm{d}t\right\}\boldsymbol{e}_x\\&=E_yH_z\mathrm{e}^{-2\alpha x}\cos\phi_m\boldsymbol{e}_x\\&=\frac{1}{|Z_0|}(E_y)^2\mathrm{e}^{-2\alpha x}\cos\phi_m\boldsymbol{e}_x\end{aligned}\tag{6-50}$$

所以，电磁波在导电媒质传播过程中逐步衰减，原因来源于传导电流消耗的焦耳热。

6.3.2 低损耗介质中的正弦均匀平面波

实际介质都具有一定的电导率，土壤、海水等是常见的损耗介质。当损耗介质的参数之间满足

$$\frac{\gamma}{\omega\varepsilon}\ll1$$

时，称之为低损耗介质。这种介质比较接近实际介质，有时也称其为实际介质。这时

$$\sqrt{1+\left(\frac{\gamma}{\omega\varepsilon}\right)^2}\approx1+\frac{1}{2}\left(\frac{\gamma}{\omega\varepsilon}\right)^2\tag{6-51}$$

便可得到低损耗介质的衰减常数 α 和相位常数 β 分别为

$$\alpha=\omega\sqrt{\frac{\mu\varepsilon}{2}\left(\sqrt{1+\frac{\gamma^2}{\omega^2\varepsilon^2}}-1\right)},\quad\beta=\omega\sqrt{\frac{\mu\varepsilon}{2}\left(\sqrt{1+\frac{\gamma^2}{\omega^2\varepsilon^2}}+1\right)}$$

$$\alpha\approx\frac{\gamma}{2}\sqrt{\frac{\mu}{\varepsilon}}\tag{6-52}$$

$$\beta\approx\omega\sqrt{\mu\varepsilon}\tag{6-53}$$

波阻抗为

$$Z_0\approx\sqrt{\frac{\mu}{\varepsilon}}\tag{6-54}$$

以上各式表明，低损耗介质的相位常数、波阻抗近似等于理想介质情况下的相应值，只是电磁波有衰减。考虑到低损耗介质的电导率很小，位移电流远大于传导电流，它代表电流的主要特性。

6.3.3 良导体中的正弦均匀平面波

当导电媒质的参数满足

$$\frac{\gamma}{\omega\varepsilon} \gg 1$$

时的导电媒质被称为良导体。有

$$\sqrt{1+\left(\frac{\gamma}{\omega\varepsilon}\right)^2} \approx \frac{\gamma}{\omega\varepsilon}$$

因此在良导体中，有

$$k=\alpha+\mathrm{j}\beta$$

$$\alpha \approx \beta \approx \sqrt{\frac{\omega\mu\gamma}{2}} \tag{6-55}$$

$$Z_0 \approx \sqrt{\frac{\omega\mu}{2\gamma}}(1+\mathrm{j})=\sqrt{\frac{\omega\mu}{\gamma}}\angle 45^\circ \tag{6-56}$$

相速及波长分别为

$$v_{\mathrm{P}} \approx \frac{\omega}{\beta}=\sqrt{\frac{2\omega}{\mu\gamma}} \tag{6-57}$$

$$\lambda \approx \frac{2\pi}{\beta}=2\pi\sqrt{\frac{2}{\omega\mu\gamma}} \tag{6-58}$$

分析以上各式，反映出正弦均匀平面电磁波在良导体中传播的特点：

(1) 当频率很高时，电磁波在良导体的衰减常数 α 变得非常大。例如，当 $f=3$ MHz 时，铜中的衰减常数 $\alpha \approx 2.62\times 10^4$ Np/m。这导致电场和磁场的振幅都急剧衰减，电磁波无法进入良导体深处，而仅存在于其表面附近，呈现显著的集肤效应。对于正弦均匀平面电磁波，在良导体中的透入深度为

$$d=\frac{1}{\alpha}=\sqrt{\frac{2}{\omega\mu\gamma}}$$

(2) 波阻抗的相角近似为 45°，即磁场的相位滞后电场 45°。

(3) 由于$\frac{\omega\varepsilon}{\gamma} \ll 1$，传导电流远大于位移电流，磁场远大于电场。说明良导体中的电磁波以磁场为主，传导电流是电流的主要成分。

(4) 良导体中电磁波的相速和波长都较小。

当 $\gamma \to \infty$ 时，良导体便为通常所说的理想导体，此时透入深度为零。在实际电磁波问题中，当频率较高时，普通的金属如铜、铝、金、银等都可看成理想导体，以便于来解决问题。

6.3.4 计算举例

例 6-3 一均匀平面电磁波从海水表面($x=0$)向海水中沿 x 正方向传播，已知 $\boldsymbol{E}=100\cos(10^7\pi t)\boldsymbol{e}_y$，海水的 $\varepsilon_r=80$，$\mu_r=1$，$\gamma=4$ S/m。试求：

(1) 衰减常数、相位常数、波阻抗、相位速度、波长、透入深度；

(2) 当 E 的振幅衰减至表面值的 1%时，波传播的距离；

(3) 当 $x=0.8$ m 时，$\boldsymbol{E}(x,t)$ 和 $\boldsymbol{H}(x,t)$ 的表达式。

解：依题意有

$$\omega = 10^7\pi \text{ rad/s}, \qquad f=\frac{\omega}{2\pi}= 5\times10^6 \text{ Hz}$$

$$\frac{\gamma}{\omega\varepsilon}=\frac{4}{10^7\pi\times\left(\frac{1}{36\pi}\times10^{-9}\right)\times80}=180\gg1$$

故在此频率下海水可视为良导体。

(1) 衰减常数：$\alpha=\sqrt{\pi f\mu\gamma}=\sqrt{5\pi\times10^6\times4\pi\times10^{-7}\times4}=8.89 \text{ Np/m}$

相位常数：$\beta=\alpha= 8.89 \text{ rad/m}$

波阻抗：$Z_0=\sqrt{\frac{\omega\mu}{\gamma}}\angle45°=\sqrt{\frac{10^7\pi\times4\pi\times10^{-7}}{4}}=\pi\angle45°$

相位速度：$v_P=\frac{\omega}{\beta}=\frac{10^7\pi}{8.89}=3.53\times10^6 \text{ m/s}$

波长：$\lambda=\frac{2\pi}{\beta}=\frac{2\pi}{8.89}=0.707 \text{ m}$

透入深度：$d=\frac{1}{\alpha}=\frac{1}{8.89}=0.112 \text{ m}$

(2) 当电场的振幅衰减至表面值的1%时，有 $e^{-\alpha x_1}=0.01$，可知电磁波从海水表面传播的距离

$$x_1=\frac{1}{\alpha}\ln 100=\frac{4.605}{8.89}=0.518 \text{ m}$$

(3) 设电场强度的初相为零，电场的瞬时表示式为

$$\boldsymbol{E}(x,t)=100e^{-\alpha x}\cos(\omega t-\beta x)\boldsymbol{e}_y(\text{V/m})$$

在 $x = 0.8$ m 处电场的瞬时表示式为

$$\boldsymbol{E}(0.8,t)=100e^{-0.8\times8.89}\cos(\omega t-0.8\times8.89)\boldsymbol{e}_y$$
$$=0.082\cos(10^7\pi t-7.11)\boldsymbol{e}_y(\text{V/m})$$

磁场的瞬时表示式为

$$\boldsymbol{H}(x,t)=\boldsymbol{e}_x\times\boldsymbol{e}_y\frac{E_m\cos\left(\omega t-\beta x-\frac{\pi}{4}\right)}{|Z_0|}(\text{A/m})$$

$$\boldsymbol{H}(0.8,t)=\frac{0.082\cos\left(10^7\pi t-7.11-\frac{\pi}{4}\right)}{|Z_0|}\boldsymbol{e}_z(\text{A/m})$$
$$=0.026\cos(10^7\pi t-7.9)\boldsymbol{e}_z(\text{A/m})$$

或者

$$\dot{\boldsymbol{E}}(x)=\frac{0.082}{\sqrt{2}}e^{-j7.11}\boldsymbol{e}_y$$

$$\dot{\boldsymbol{H}}(x)=\boldsymbol{e}_x\times\boldsymbol{e}_y\frac{\dot{E}(x)}{Z_0}=\frac{0.082}{\sqrt{2}\pi e^{j\pi/4}}e^{-j7.11}\boldsymbol{e}_z=\frac{0.026}{\sqrt{2}}e^{-j7.9}\boldsymbol{e}_z$$

$$\boldsymbol{H}(x,t)=0.026\cos(10^7\pi t-7.9)\boldsymbol{e}_z(\text{A/m})$$

所以，5 MHz 平面电磁波在海水中衰减得很快，在离开波源 0.52 m 距离处，波的强度就衰减至表面值的 1%。因此，海水中的无线电通信应使用低频无线电电波。但即使在低频情况下，海水中的远距离无线电通信仍很困难。例如，当 $f=50$ Hz 时，其透入深度约为 35.6 m。因此，海水中的潜水艇之间的通信不能利用直接波进行无线电通信，必须将它们的收发天线升到海面附近，利用沿海水表面传播的表面波来进行通信。

6.4 均匀平面电磁波的反射与透射

6.4.1 反射定律与透射定律

设两理想介质交界面为无限大平面，均匀平面电磁波以入射角 θ_1 由介质 1 向介质 2 传播，如图 6.4 所示。称波矢量 $\boldsymbol{k}$ 与 $\boldsymbol{e}_n$ 形成的平面为入射平面。θ'_1 为反射角，θ_2 为透射角。

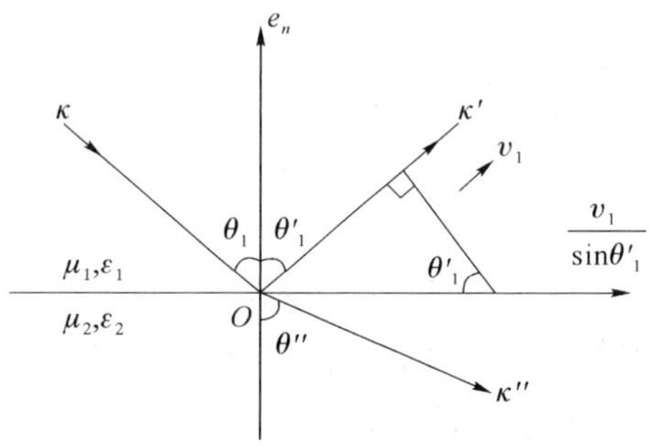

图 6.4　电磁波的反射与透射

根据边界条件，O 点两侧电场强度和磁场强度的切向分量应分别相等，且在电磁波的传播过程中，入射波、反射波和透射波沿交界面的传播速度必须相同，即

$$\frac{v_1}{\cos\theta_1}=\frac{v_1}{\cos\theta_1'}=\frac{v_2}{\cos\theta_2}$$

由上式即得反射定律为

$$\theta_1'=\theta_1$$

透射定律为

$$\frac{\cos\theta_2}{\cos\theta_1}=\frac{v_2}{v_1}$$

通常 $\mu_2=\mu_1$，且 $n=\sqrt{\varepsilon_r}$ 被称为介质的折射率。上式可改写为光学中透射定律，即

$$n_1\cos\theta_1=n_2\cos\theta_2 \tag{6-59}$$

例 6-4　光纤是芯径极细外涂包层的二氧化硅棒，其沿轴线的子午面如图 6.5 所示。n_1 为光纤芯的折射率，n_2 为包层的折射率。为使光在光纤芯和包层交界面上形成全反射，制造时使 n_1 略大于 n_2。试求：光在光纤中持续传输的最大入射角 θ_c（已知在空气中 $n_0=1$）。

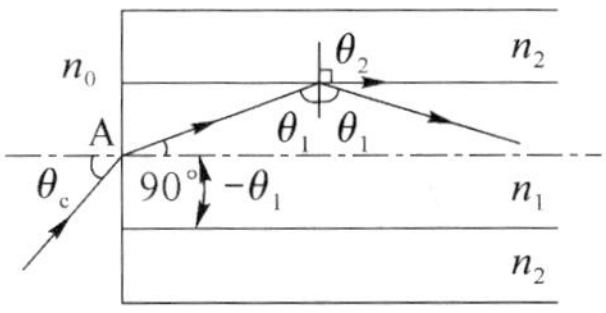

图 6.5 光纤子午面上的光线

解:使光在光纤中持续传输的必要条件是 $\theta_2=90°$,由透射定律可得

$$\theta_1=\sin^{-1}\frac{n_2}{n_1}$$

在光纤端面点 A 处,再次应用透射定律,得

$$\cos\theta_c=n_1\sin(90°-\theta_1)=n_1\cos\theta_1=\sqrt{n_1^2-n_2^2},\theta_c=\sin^{-1}\sqrt{n_1^2-n_2^2}$$

光纤芯径一般在几微米至几十微米之间。显然,θ_c 的大小直接关系到光源与光纤的耦合效率。称 $\sin\theta_c$ 为光纤的数值孔径,它是光纤的一个重要参数。

6.4.2 反射系数与透射系数

图 6.6 研究均匀平面电磁波的反射和透射问题。图 6.6(a)中的电场强度矢量与入射面平行,称为平行极化情况;图 6.6(b)中的电场强度矢量与入射面垂直,称为垂直极化情况。

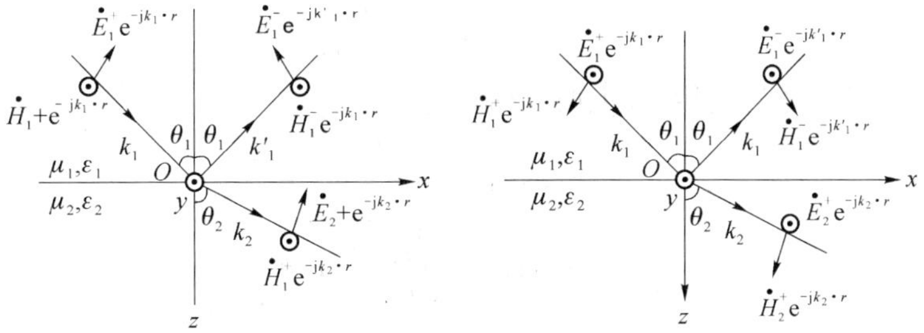

图 6.6 均匀平面电磁波的反射与透射

(1) 平行极化:由图 6.6(a)和边界条件,有

$$\dot{E}_1^+\cos\theta_1-\dot{E}_1^-\cos\theta_1=\dot{E}_2^+\cos\theta_2$$

$$\frac{\dot{E}_1^+}{\eta_1}+\frac{\dot{E}_1^-}{\eta_1}=\frac{\dot{E}_2^+}{\eta_2}$$

联立求解以上方程,得

$$\dot{E}_1^-=\frac{\eta_1\cos\theta_1-\eta_2\cos\theta_2}{\eta_1\cos\theta_1+\eta_2\cos\theta_2}\dot{E}_1^+$$

$$\dot{E}_2^+=\frac{2\eta_2\cos\theta_1}{\eta_1\cos\theta_1+\eta_2\cos\theta_2}\dot{E}_1^+$$

按电场强度在介质交界面的切向分量分别定义反射系数和透射系数,得

$$R_{//}=\frac{-\dot{E}_1^-\cos\theta_1}{\dot{E}_1^+\cos\theta_1}=\frac{\eta_2\cos\theta_2-\eta_1\cos\theta_1}{\eta_2\cos\theta_2+\eta_1\cos\theta_1} \tag{6-60}$$

$$T_{//}=\frac{\dot{E}_2^+\cos\theta_2}{\dot{E}_1^+\cos\theta_1}=\frac{2\eta_2\cos\theta_2}{\eta_2\cos\theta_2+\eta_1\cos\theta_1} \tag{6-61}$$

一般有 $\mu_1=\mu_2$，应用透射定律，上式可简化为

$$R_{//}=\frac{\sqrt{\frac{\varepsilon_2}{\varepsilon_1}-\sin^2\theta_1}-\frac{\varepsilon_2}{\varepsilon_1}\cos\theta_1}{\sqrt{\frac{\varepsilon_2}{\varepsilon_1}-\sin^2\theta_1}+\frac{\varepsilon_2}{\varepsilon_1}\cos\theta_1} \tag{6-62}$$

$$T_{//}=\frac{2\sqrt{\frac{\varepsilon_2}{\varepsilon_1}-\sin^2\theta_1}}{\sqrt{\frac{\varepsilon_2}{\varepsilon_1}-\sin^2\theta_1}+\frac{\varepsilon_2}{\varepsilon_1}\cos\theta_1} \tag{6-63}$$

（2）垂直极化：类似可以得到

$$\dot{E}_1^-=\frac{\eta_2\cos\theta_1-\eta_1\cos\theta_2}{\eta_2\cos\theta_1+\eta_1\cos\theta_2}\dot{E}_1^+$$

$$\dot{E}_2^+=\frac{2\eta_2\cos\theta_1}{\eta_2\cos\theta_1+\eta_1\cos\theta_2}\dot{E}_1^+$$

此时，反射系数和透射系数为

$$R_{\perp}=\frac{\eta_2\cos\theta_1-\eta_1\cos\theta_2}{\eta_2\cos\theta_1+\eta_1\cos\theta_2} \tag{6-64}$$

$$T_{\perp}=\frac{2\eta_2\cos\theta_1}{\eta_2\cos\theta_1+\eta_1\cos\theta_2} \tag{6-65}$$

一般有 $\mu_1=\mu_2$，并由透射定律，以上两式简化为

$$R_{\perp}=\frac{\cos\theta_1-\sqrt{\frac{\varepsilon_2}{\varepsilon_1}-\sin^2\theta_1}}{\cos\theta_1+\sqrt{\frac{\varepsilon_2}{\varepsilon_1}-\sin^2\theta_1}} \tag{6-66}$$

$$T_{\perp}=\frac{2\cos\theta_1}{\cos\theta_1+\sqrt{\frac{\varepsilon_2}{\varepsilon_1}-\sin^2\theta_1}} \tag{6-67}$$

从 $R_{//}$ 和 $T_{//}$ 或 $R_{\perp}$ 和 $T_{\perp}$ 的表达式可知，反射系数和透射系数之间存在如下关系，即

$$1+R_{//(\perp)}=T_{//(\perp)} \tag{6-68}$$

全反射：若均匀平面电磁波入射到理想导体表面时，则由于理想导体内部电场强度必须为零，这时对于平行极化情况，在交界面上，应有

$$\dot{E}_1^+\cos\theta_1-\dot{E}_1^-\cos\theta_1=0$$

此时，$|R_{//}|=1$。同理可得 $|R_{\perp}|=1$。

当 $\frac{\varepsilon_2}{\varepsilon_1}-\sin^2\theta_1\leqslant 0$ 时，$|R_{//}|=|R_{\perp}|=1$，发生全发射。这时

$$\theta_1\geqslant\theta_c=\sin^{-1}\sqrt{\frac{\varepsilon_2}{\varepsilon_1}}=\sin^{-1}\frac{n_2}{n_1}$$

显然，上述情况只有当 $\varepsilon_2<\varepsilon_1$ 时才有意义。因此，全反射只能出现在入射角 $\theta>\theta_c$，且光由

光密介质到光疏介质传播时的情况，θ_c 被称为全反射的临界角。

全透射：即反射系数等于零的情况。由公式(6-67)可知，使 $R_\perp=0$ 的条件是 $\varepsilon_2=\varepsilon_1$。这说明对于垂直极化情况不存在全透射现象。对于平行极化情况，令 $R_{//}=0$，得

$$\frac{\varepsilon_2}{\varepsilon_1}\cos\theta_1=\sqrt{\frac{\varepsilon_2}{\varepsilon_1}-\sin^2\theta_1}$$

求解上式得

$$\theta_1=\theta_P=\sin^{-1}\sqrt{\frac{\varepsilon_2}{\varepsilon_1+\varepsilon_2}}=\arctan^{-1}\sqrt{\frac{\varepsilon_2}{\varepsilon_1}}$$

称上式的入射角 θ_P 为布儒斯特角。它表明当平行极化入射波以布儒斯特角入射到两介质交界面时，不存在反射波。在实际应用中，可以利用测量布儒斯特角来测量介质的介电常数，也可以利用布儒斯特角提取入射波的垂直极化分量。

6.4.3 垂直入射电磁波的反射与透射

垂直入射电磁波的反射与透射是上节所讨论问题的一个特例，即入射角 θ_1 等于零的情况。此时，平行极化和垂直极化并为同一种情况。介质交界面上的反射和透射系数为

$$R=\frac{\eta_2-\eta_1}{\eta_2+\eta_1},\qquad T=\frac{2\eta_2}{\eta_2+\eta_1}$$

当 $\mu_1=\mu_2$ 时，反射系数和透射系数又可写为

$$R=\frac{\sqrt{\varepsilon_{r1}}-\sqrt{\varepsilon_{r2}}}{\sqrt{\varepsilon_{r1}}+\sqrt{\varepsilon_{r2}}},\qquad T=\frac{2\sqrt{\varepsilon_{r1}}}{\sqrt{\varepsilon_{r1}}+\sqrt{\varepsilon_{r2}}}$$

均匀平面波垂直入射到理想导电平面的情况如图 6.7 所示，设入射电磁波为

$$\dot{E}_x^+=\dot{E}_0\mathrm{e}^{-\mathrm{j}kz}$$

在理想导电平面上，电场强度的反射波分量和入射波分量量值相等而相位相反，即 $R=-1$，而透射电场为零，即 $T=0$。这表明在理想导电平面上发生全反射。此时在理想导电平面上，有

$$\dot{E}_{x_0}^-=R\,\dot{E}_{x_0}^+=R\,\dot{E}_0=-\dot{E}_0$$

在 $z<0$ 的空间内，反射电场强度为

$$\dot{E}_x^-=-\dot{E}_0\mathrm{e}^{\mathrm{j}kz}$$

总电场强度为

$$\dot{E}_x=\dot{E}_x^++\dot{E}_x^-=\dot{E}_0(\mathrm{e}^{-\mathrm{j}kz}-\mathrm{e}^{\mathrm{j}kz})=-\mathrm{j}2\,\dot{E}_0\cos kz=-\mathrm{j}2\,\dot{E}_0\sin\frac{2\pi}{\lambda}z$$

相应的磁场强度为

$$\dot{H}_y=\dot{H}_y^+-\dot{H}_y^-=\frac{\dot{E}_0}{\eta}(\mathrm{e}^{-\mathrm{j}kz}+\mathrm{e}^{\mathrm{j}kz})=\frac{2\,\dot{E}_0}{\eta}\cos kz=\frac{2\,\dot{E}_0}{\eta}\cos\frac{2\pi}{\lambda}z$$

从上式可知，空间电磁波不再是行波，而是驻波。电场强度和磁场强度的振幅分布如图 6.8所示。显然，电场强度的波节即为磁场强度的波腹。同样，电场强度的波腹即为磁

场强度的波节，且电场强度(或磁场强度)相邻波节或相邻波腹的空间距离为半波长。此时，能量不能通过波节传递，所以电场能和磁场能之间的交换只限于在空间距离为 $\lambda/4$ 的范围内进行。

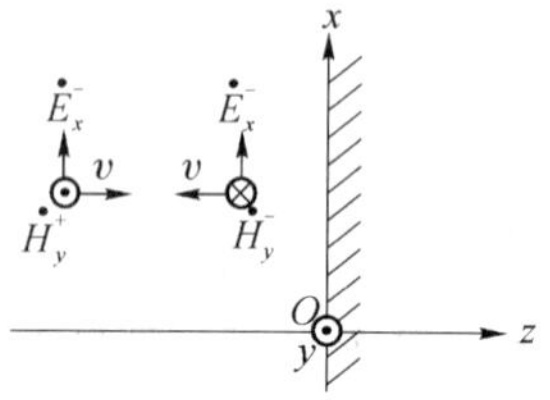

图 6.7　垂直入射到理想导电平面上的均匀平面波

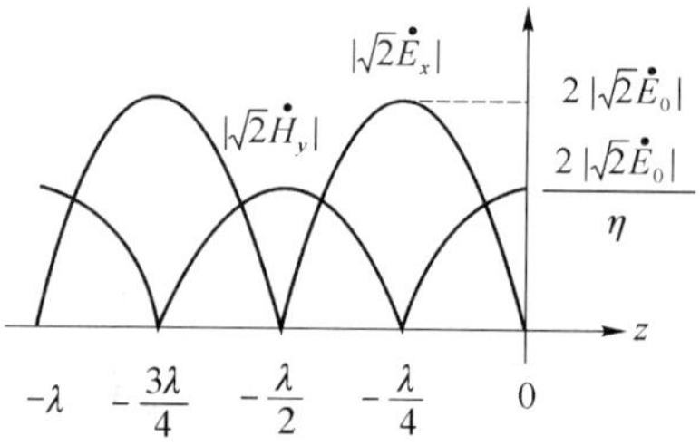

图 6.8　E 和 H 的振幅分布

均匀平面波垂直入射到理想介质平面的情况如图 6.9 所示，仍设入射波电场强度为

$$\dot{E}_{x_1}^{+}=\dot{E}_0\mathrm{e}^{-\mathrm{j}k_1 z}$$

显然，在介质交界面上有

$$\dot{E}_{x_{10}}^{-}=R\dot{E}_0,\quad \dot{E}_{x_{20}}^{+}=T\dot{E}_0$$

在介质 1 内，电场强度和磁场强度为

$$\begin{aligned}\dot{E}_{x_1}&=\dot{E}_{x_1}^{+}+\dot{E}_{x_1}^{-}=\dot{E}_0(\mathrm{e}^{-\mathrm{j}k_1 z}+R\mathrm{e}^{\mathrm{j}k_1 z})\\&=\dot{E}_0\mathrm{e}^{-\mathrm{j}k_1 z}(1+R\mathrm{e}^{\mathrm{j}2k_1 z})=T\dot{E}_0\mathrm{e}^{-\mathrm{j}k_1 z}+\mathrm{j}2R\dot{E}_0\cos k_1 z\end{aligned}$$

$$\begin{aligned}\dot{H}_{y_1}&=\dot{H}_{y_1}^{+}-\dot{H}_{y_1}^{-}=\frac{\dot{E}_0}{\eta_1}(\mathrm{e}^{-\mathrm{j}k_1 z}-R\mathrm{e}^{\mathrm{j}k_1 z})\\&=\frac{\dot{E}_0}{\eta_1}\mathrm{e}^{-\mathrm{j}k_1 z}(1-R\mathrm{e}^{\mathrm{j}2k_1 z})=\frac{T\dot{E}_0}{\eta_1}\mathrm{e}^{-\mathrm{j}k_1 z}-\frac{2R\dot{E}_0}{\eta_1}\cos k_1 z\end{aligned}$$

在介质 2 内，电场强度和磁场强度为

$$\dot{E}_{x_2}=T\dot{E}_0\mathrm{e}^{-\mathrm{j}k_2 z}$$

$$\dot{H}_{y_2}=\frac{T\dot{E}_0}{\eta_2}\mathrm{e}^{-\mathrm{j}k_2 z}$$

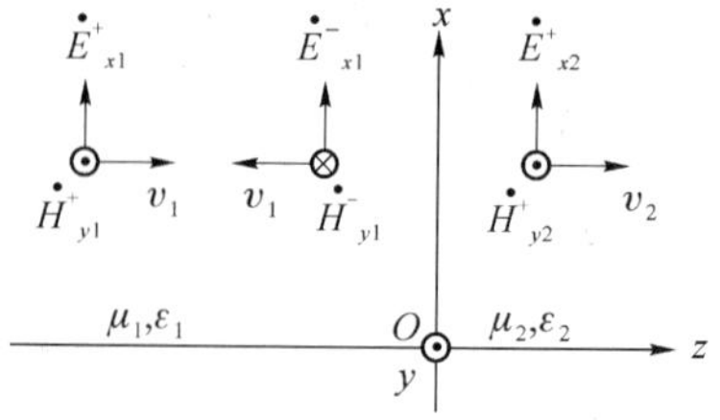

图 6.9　垂直入射到两理想介质交界面上的均匀平面波

从以上四个表达式易知，由于在介质交界面上存在反射，介质 1 中的电磁波由行波和驻波两部分组成，而在介质 2 中只有行波。可以求得介质 1 中的电场强度的模值为

$$|\dot{E}_{x_1}|=E_0\sqrt{1+2R\cos 2k_1 z+R^2}$$

图 6.10 画出当 $R>0$ 时电场强度模值分布图，由于在 $z=0$ 处介质的波阻抗不匹配，在介质 1 中存在反射波。

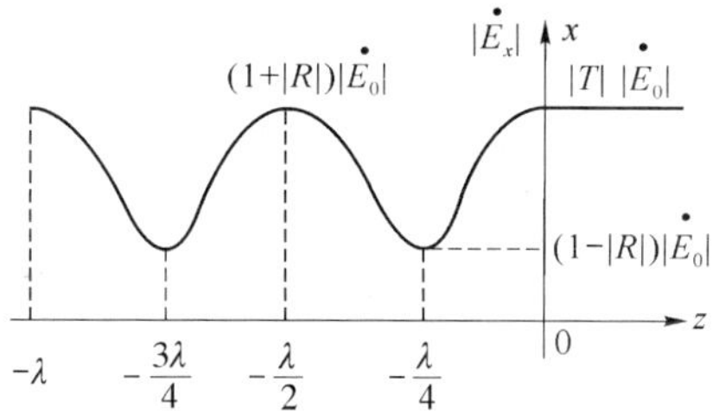

图 6.10 电场强度的模值分布

通常用驻波比反映这种不匹配情况，即令

$$\mathrm{SWR}=\frac{|\dot{E}_{x_1}|_{\max}}{|\dot{E}_{x_1}|_{\min}}=\frac{1+|R|}{1-|R|}$$

所以，全反射时 $\mathrm{SWR}\to\infty$；匹配时 $\mathrm{SWR}=1$。显然，可以通过测量驻波比来测定反射系数，即

$$|R|=\frac{\mathrm{SWR}-1}{\mathrm{SWR}+1}$$

例 6-5 均匀平面电磁波由空气垂直入射到水面上，设水无损且相对介电常数为 81。试求：(1) 水平面的反射系数和透射系数；(2) 驻波比；(3) 水中的坡印廷矢量。

解：设空气和水的相对磁导率 $\mu_{r1}=\mu_{r2}=1$，则

(1) 反射系数和透射系数为

$$R=\frac{\sqrt{\varepsilon_{r1}}-\sqrt{\varepsilon_{r2}}}{\sqrt{\varepsilon_{r1}}+\sqrt{\varepsilon_{r2}}}=\frac{1-9}{1+9}=-0.8,\qquad T=1+R=0.2$$

(2) 驻波比为

$$\mathrm{SWR}=\frac{1+|R|}{1-|R|}=\frac{1+0.8}{1-0.8}=9$$

(3) 水中坡印廷矢量为

$$S_{\mathrm{av2}}=\mathrm{Re}[\dot{E}\times\dot{H}^*]=e_z\frac{T^2E_0^2}{\eta_2}=e_z\frac{\eta_1}{\eta_2}T^2\frac{E_0^2}{\eta_1}=e_z\frac{\eta_1}{\eta_2}(1+R)^2\frac{E_0^2}{\eta_1}$$
$$=e_z\frac{4\eta_1\eta_2}{(\eta_1+\eta_2)^2}\frac{E_0^2}{\eta_1}=e_z\left[1-\frac{(\eta_2-\eta_1)^2}{(\eta_2+\eta_1)^2}\right]\frac{E_0^2}{\eta_1}$$
$$=e_z(1-R^2)\frac{E_0^2}{\eta_1}=e_z0.36\frac{E_0^2}{\eta_1}$$

所以，由于水面存在反射，水中的功率面密度始终小于空气中入射波的功率面密度。在实际中，可以采取匹配措施使反射系数等于零，实现功率的最大传输。

若定义介质 1 中空间任一点的波阻抗如下

$$\eta(z)=\frac{E_{x_1}}{H_{y_1}}=\frac{1+R\mathrm{e}^{\mathrm{j}2k_1z}}{1-R\mathrm{e}^{\mathrm{j}2k_1z}}\eta_1=\frac{\eta_2+\mathrm{j}\eta_1\tan\frac{2\pi}{\lambda_1}z}{\eta_1+\mathrm{j}\eta_2\tan\frac{2\pi}{\lambda_1}z}\eta_1$$

特别是当 $z=-\frac{\lambda_1}{4}$ 或 $z=-\left(n\frac{\lambda_1}{2}+\frac{\lambda_1}{4}\right)$（其中 n 为整数）时，有

$$\eta=\frac{\eta_1^2}{\eta_2}$$

上式表明，借助波阻抗为 η_1，厚度为 $\frac{\lambda}{4}$ 介质板可以实现波阻抗分别为 η 和 η_2 两种不同介质之间的波阻抗匹配。

此外，当 $z=-\frac{\lambda_1}{2}$ 或 $z=-n\frac{\lambda_1}{2}$（其中 n 为整数）时

$$\eta=\eta_2$$

这表明，借助波阻抗为 η_1，厚度为 $\frac{\lambda}{2}$ 的介质板可以将波阻抗为 η_2 的同一种介质分成两部分，而波阻抗不变。

例 6-6 设飞机地面导航雷达的波阻抗与空气相同，雷达的中心工作频率为 5 GHz。为保护雷达天线的清洁，通常覆加一个非磁性塑料天线罩，其相对介电常数为 3。为使雷达天线工作时无反射波，天线罩的厚度应为多少？

解：已知天线的波阻抗与空气相同，在空气中插入一介质板，使其在空气中不存在反射波。由上述讨论知，只有用厚度为 $\frac{\lambda_1}{2}$ 或 $n\frac{\lambda_1}{2}$ 介质板时，才可使空气中无反射波存在。按题设，介质板中波长为

$$\lambda=\frac{v}{f}=\frac{c}{\sqrt{\varepsilon_r}f}=\frac{3\times10^8}{\sqrt{3}\times5\times10^9}=0.0346\ \mathrm{m}$$

所以，天线罩的厚度可选为 1.73 cm。

例 6-7 在光纤技术中，常在光学元件表面镀膜以减少光的反射。设激光在自由空间中的波长为 550 nm，光学玻璃为非磁性玻璃，其折射率为 1.52。为使激光照射在该光学玻璃上无反射，试确定镀膜厚度和镀膜材料的折射率。

解：由于空气与光学玻璃的波阻抗不同，故采取 $\lambda/4$ 匹配技术，此时

$$\eta=\sqrt{\eta_0\eta_2}=\sqrt{\eta_0\sqrt{\frac{\mu_2}{\varepsilon_2}}}=\sqrt{\frac{1}{\sqrt{\varepsilon_{r2}}}}\eta_0=\frac{1}{\sqrt{n_2}}\eta_0$$

又因为镀膜的波阻抗可以写为

$$\eta=\sqrt{\frac{\mu}{\varepsilon}}=\frac{1}{\sqrt{\varepsilon_r}}\eta_0=\frac{1}{n}\eta_0$$

所以，镀膜材料的折射率为

$$n=\sqrt{n_2}=\sqrt{1.52}=1.233$$

镀膜厚度为

$$d=\frac{\lambda}{4}=\frac{1}{4}\frac{v}{f}=\frac{1}{4}\frac{c}{\sqrt{\varepsilon_r}f}=\frac{1}{4}\frac{\lambda_0}{n}=\frac{550\times10^{-9}}{4\times1.233}=112\ \text{nm}$$

小　结

1. 平面电磁波及基本性质

(1) 均匀平面电磁波是一横电磁波。

(2) 均匀平面电磁波的电场 $\boldsymbol{E}$ 方向、磁场 $\boldsymbol{H}$ 方向和波的传播方向三者两两相互垂直,且满足右手螺旋法则。

2. 理想介质中的均匀平面电磁波

(1) 沿 x 轴正向行波的电场分量和磁场分量,称之为入射波;沿 x 轴反向行波的电场分量和磁场分量,称之为反射波。波的具体形式由产生该波的激励方式有关。

(2) 波的传播速率是一常数,它仅与媒质参数有关。在自由空间中为 299 792 458 m/s。

(3) 波的欧姆定律

$$\frac{E_y^+(x,t)}{H_z^+(x,t)}=\sqrt{\frac{\mu}{\varepsilon}}=Z_0$$

其中,$Z_0=\sqrt{\frac{\mu}{\varepsilon}}$称为理想介质的波阻抗的定义式,单位为欧姆。

(4) 总电磁能量密度

$$w=w_e+w_m=\varepsilon(E_y^+)^2=\mu(H_z^+)^2$$

(5) 坡印廷矢量为

$$\boldsymbol{S}^+(x,t)=\sqrt{\frac{\mu}{\varepsilon}}(H_z^+)^2\boldsymbol{e}_x=vw\,\boldsymbol{e}_x$$

理想介质中电磁波能量流动的方向与波传播的方向一致,电磁能流密度的量值等于电磁能量密度 w 和波的传播速率 v 的乘积。

3. 导电媒质中的均匀平面电磁波

(1) 电场和磁场的振幅沿 $+x$ 方向按指数规律衰减。

(2) 导电媒质中电磁波的相速小于理想介质中的相速。相速 v_P 不仅与媒质的特性有关,还与波的频率有关,导电媒质是色散媒质。

波传播系数

$$k=\mathrm{j}\omega\sqrt{\mu\varepsilon'}=\alpha+\mathrm{j}\beta$$

导电媒质中电磁波的相速

$$v_P=\frac{\omega}{\beta}=\frac{1}{\sqrt{\frac{\mu\varepsilon}{2}\left(\sqrt{1+\frac{\gamma^2}{\omega^2\varepsilon^2}}+1\right)}}$$

(3) 导电媒质中波的欧姆定律阻抗

$$Z_0=\sqrt{\frac{\mu}{\varepsilon+\frac{\gamma}{\mathrm{j}\omega}}}=|Z_0|\mathrm{e}^{\mathrm{j}\varphi_m}$$

(4) 电磁波在导电媒质传播过程中逐步衰减，原因来源于传导电流消耗的焦耳热。

(5) 良导体中的正弦均匀平面波

$$\alpha \approx \beta \approx \sqrt{\frac{\omega\mu\gamma}{2}}$$

$$Z_0 \approx \sqrt{\frac{\omega\mu}{2\gamma}}(1+\mathrm{j}) = \sqrt{\frac{\omega\mu}{\gamma}}\angle 45^\circ$$

相速及波长分别为

$$v_\mathrm{P} \approx \frac{\omega}{\beta} = \sqrt{\frac{2\omega}{\mu\gamma}}$$

$$\lambda \approx \frac{2\pi}{\beta} = 2\pi\sqrt{\frac{2}{\omega\mu\gamma}}$$

透入深度为

$$d = \frac{1}{\alpha} = \sqrt{\frac{2}{\omega\mu\gamma}}$$

当 $\gamma \to \infty$ 时，良导体便为理想导体。

4. 均匀平面电磁波的反射与透射

切向分量反射系数和透射系数分别为

$$R_{//} = \frac{-\dot{E}_1^- \cos\theta_1}{\dot{E}_1^+ \cos\theta_1} = \frac{\eta_2\cos\theta_2 - \eta_1\cos\theta_1}{\eta_2\cos\theta_2 + \eta_1\cos\theta_1}$$

$$T_{//} = \frac{\dot{E}_2^+ \cos\theta_2}{\dot{E}_1^+ \cos\theta_1} = \frac{2\eta_2\cos\theta_2}{\eta_2\cos\theta_2 + \eta_1\cos\theta_1}$$

垂直分量反射系数和透射系数分别为

$$R_\perp = \frac{\eta_2\cos\theta_1 - \eta_1\cos\theta_2}{\eta_2\cos\theta_1 + \eta_1\cos\theta_2}$$

$$T_\perp = \frac{2\eta_2\cos\theta_1}{\eta_2\cos\theta_1 + \eta_1\cos\theta_2}$$

$$1 + R_{//(\perp)} = T_{//(\perp)}$$

习　题

6-1　在自由空间中传播的平面电磁波的电场为

$$\boldsymbol{E}(z,t) = \boldsymbol{e}_y 10^3 \sin(\omega t - \beta z)\ (\mathrm{V/m})$$

试求磁场强度 $\boldsymbol{H}(z,t)$。

6-2　已知在自由空间传播的平面电磁波的电场为

$$E_x = 100\cos(\omega t - 2\pi z)\ (\mathrm{V/m})$$

试求此波的波长 λ、频率 f、相速度 v、磁场强度 $\boldsymbol{H}$，以及平均能流密度矢量 $\boldsymbol{S}_{\mathrm{av}}$。

6-3　已知在自由空间传播的平面电磁波的电场的振幅 $E_0 = 800\ \mathrm{V/m}$，方向为 $\boldsymbol{e}_x$，如

果波沿着 z 方向传播，波长为 0.61 m。求：(1) 电磁波的频率 f；(2) 电磁波的周期 T；(3) 如果将场量表示为 $A\cos(\omega t-kz)$，其 k 值为多少？(4) 磁场的振幅 $H_0=$？

6-4 对于一个在空气中沿 $\boldsymbol{e}_y$ 方向传播的均匀平面波，其磁场强度的瞬时表达式为 $\boldsymbol{H}=\boldsymbol{e}_z 4\times10^{-6}\cos\left(10^7\pi t-k_0 y+\frac{\pi}{4}\right)$(A/m)。求：(1) k_0 及 $t=3$ ms 时，$H_z=0$ 的位置；(2) 写出 $\boldsymbol{E}$ 的瞬时表达式。

6-5 在自由空间传播的均匀平面波的电场强度复矢量为

$$\boldsymbol{E}=\boldsymbol{e}_x 10^{-4}\mathrm{e}^{\mathrm{j}(\omega t-20\pi z)}+\boldsymbol{e}_y 10^{-4}\mathrm{e}^{\mathrm{j}\left(\omega t-20\pi z+\frac{\pi}{2}\right)}\ (\mathrm{V/m})$$

求：(1) 平面波的传播方向；(2) 电磁波的频率；(3) 波的极化方式；(4) 磁场强度 $\boldsymbol{H}$；(5) 电磁波流过沿传播方向单位面积的平均功率。

6-6 说明下列各式表示的均匀平面波的极化形式和传播方向。

(1) $\boldsymbol{E}=\boldsymbol{e}_x \mathrm{j}E_1\mathrm{e}^{\mathrm{j}kz}+\boldsymbol{e}_y \mathrm{j}E_1\mathrm{e}^{\mathrm{j}kz}$；

(2) $\boldsymbol{E}=\boldsymbol{e}_x E_m\sin(\omega t-kz)+\boldsymbol{e}_y E_m\cos(\omega t-kz)$；

(3) $\boldsymbol{E}=\boldsymbol{e}_x E_0\mathrm{e}^{-\mathrm{j}kz}-\boldsymbol{e}_y \mathrm{i}E_0\mathrm{e}^{-\mathrm{j}kz}$；

(4) $\boldsymbol{E}=\boldsymbol{e}_x E_m\sin\left(\omega t-kz+\frac{\pi}{4}\right)+\boldsymbol{e}_y E_m\cos\left(\omega t-kz-\frac{\pi}{4}\right)$；

(5) $\boldsymbol{E}=\boldsymbol{e}_x E_0\sin(\omega t-kz)+\boldsymbol{e}_y 2E_0\cos(\omega t-kz)$。

6-7 在和煦的日子，地球从太阳接收到的辐射能量大约是 1.3 $\mathrm{kW/m^2}$，设太阳光为一单色平面波。试求(1) 太阳光中电场及磁场强度的振幅；(2)太阳的辐射功率，已知日地距离为 1.5×10^{11} m；(3) 估计太阳表面太阳光中电磁场的振幅，已知太阳半径为7×10^8 m。

6-8 电磁波磁场振幅为$\frac{1}{3\pi}$A/m，在自由空间沿$-\boldsymbol{e}_z$ 方向传播，当 $t=0,z=0$ 时，$\boldsymbol{H}$ 在 $\boldsymbol{e}_y$ 方向，相位常数 $\beta=30$ rad/m。(1)写出 $\boldsymbol{H}$ 和 $\boldsymbol{E}$ 的表达式；(2)求频率和波长。

6-9 设电磁波频率 $f=400$ MHz，当 $y=0.5$ m，$t=0.2$ ns 时，$\boldsymbol{E}$ 的最大值为 250 V/m，表征其方向的单位矢量为 $\boldsymbol{e}_x0.6-\boldsymbol{e}_z0.8$，试用时间的函数表示该均匀平面波在自由空间中沿 $\boldsymbol{e}_y$ 方向传播的电场 $\boldsymbol{E}$ 和磁场 $\boldsymbol{H}$。

6-10 自由空间中均匀平面波的电场为 $\boldsymbol{E}=[\boldsymbol{e}_x3+\boldsymbol{e}_y4+\boldsymbol{e}_z(3-\mathrm{j}4)]\mathrm{e}^{-\mathrm{j}2\pi(0.8x-0.6y)}$ (V/m)。试求：(1)相位常数和角频率；(2)$\boldsymbol{H}(r,t)$；(3)平均坡印廷矢量。

6-11 在无限空间中有一沿$+z$ 方向传播的右旋圆极化波，假定它是由两个线极化波合成的。已知其中一个线极化波的电场沿 x 方向，在 $z=0$ 处的电场幅值为 E_0(V/m)，角频率为 ω，试写出此圆极化波的电场 $\boldsymbol{E}$ 和 $\boldsymbol{H}$ 的表达式，并证明此波的时间平均能流密度矢量是两个线极化波的时间平均能流密度矢量之和。

6-12 在 $\mu_r=1$、$\varepsilon_r=4$、$\sigma=0$ 的媒质中，有一均匀平面波，其电场强度 $\boldsymbol{E}=\boldsymbol{E}_m\sin\left(\omega t-kz+\frac{\pi}{3}\right)$，若已知平面波的频率 $f=150$ MHz，任意点的平均功率密度为 0.265 $\mu\mathrm{W/m^2}$。试求：(1) 电磁波的波数、相速、波长、波阻抗；(2) $t=0,z=0$ 时的电场 $|\boldsymbol{E}(0,0)|$ 等于多少？(3) 经过 $t=0.1$ μs 后，电场 $|\boldsymbol{E}(0,0)|$ 值传到什么位置？

6-13　空气中某一均匀平面波的波长为 12 cm，当该平面波进入某无损耗媒质中传播时，其波长减小为 8 cm，且已知在媒质中的 $\boldsymbol{E}$ 和 $\boldsymbol{H}$ 的振幅分别为 50 V/m 和 0.1 A/m。求该平面波的频率和无损耗媒质的 μ_r 与 ε_r。

6-14　在自由空间中，某电磁波的波长为 0.2 m，当该波进入到理想电介质后，波长变为 0.09 m。设 $\mu_r=1$，试求 ε_r 以及波在该介质中的波速。

6-15　频率为 150 MHz 的均匀平面波在损耗媒质中传播，已知 $\mu_r=1$、$\varepsilon_r=1.4$、$\frac{\sigma}{\omega\varepsilon}=10^{-4}$，问波在该媒质中传播几米后，波的相位改变 90°？

6-16　非磁性良导体中波速为真空中光速的千分之一，波长为 0.3 mm，求导体的电导率和波的频率。

6-17　一平面波角频率 $\omega=10^8$ rad/s，电场强度 $\boldsymbol{E}=\boldsymbol{e}_x 7500\mathrm{e}^{\mathrm{j}30^\circ}\mathrm{e}^{-(\alpha+\mathrm{j}\beta)z}$(V/m)，媒质参数为 $\mu=5\ \mu$H/m、$\varepsilon=20$ pF/m、$\sigma=10\ \mu$S/m。试写出磁场强度 $\boldsymbol{H}$ 的表示式及 $t=100$ ns 和 $z=20$ m 时的磁场强度的大小。

6-18　均匀平面波在无损耗媒质中传播，频率 500 kHz，复数振幅 $\boldsymbol{E}=\boldsymbol{e}_x 4-\boldsymbol{e}_y+\boldsymbol{e}_z 2$(kV/m)，$\boldsymbol{H}=\boldsymbol{e}_x 6+\boldsymbol{e}_y 18-\boldsymbol{e}_z 3$(A/m)。求(1)波的传播方向的单位矢量；(2)波的平均功率密度；(3)设 $\mu_r=1$，那么 ε_r 等于多少？

6-19　两平面波的电场分别为 $\boldsymbol{E}_1=\boldsymbol{e}_x E_1\mathrm{e}^{-\mathrm{j}\frac{\omega_1}{c}z}$ 和 $\boldsymbol{E}_2=\boldsymbol{e}_x E_2\mathrm{e}^{-\mathrm{j}\frac{\omega_2}{c}z}$，它们同时在一媒质中传播，若 $\omega_1\neq\omega_2$。试证明：在媒质中任一点处总的时间平均功率密度等于两者的时间平均功率密度之和。

6-20　已知海水的 $\sigma=4$ S/m、$\varepsilon_r=81$。试分别求出频率为 1 MHz 和 100 MHz 的电磁波在海水中传播时的波长、衰减常数和波阻抗。

6-21　频率为 159 MHz 的平面波在有损耗媒质中传播，媒质的参数为 $\mu_r=1$、$\varepsilon_r=1$、$\sigma=10^5$ S/m。问波传播多少距离后振幅减小到初始值的 $\frac{1}{\mathrm{e}^2}$？

6-22　海水的电导率约为 $\sigma=4.6$ S/m，计算刚好能穿透 2 m 深海水的电磁波的频率为多少？在此频率下，当能量减少到初始值的 0.0001%时，电磁波还能传播多远？

6-23　证明电磁波在良导体中传播时，电场每经过一个波长就会衰减 55 dB。

6-24　已知布儒斯特角 $\theta_B=\arctan\left(\frac{n_2}{n_1}\right)$，试计算在(a) 空气与玻璃的分界面；(b) 空气与水的分界面上可见光完全极化反射的情况下的入射角。设空气、水和玻璃的折射率分别近似为 1.00、1.33 和 1.52，并设可见光是被折射率较高的介质所反射的。

6-25　试证明：当入射角 θ_i 大于临界角 θ_c 时，必有反射系数等于 1。

6-26　平行极化的平面电磁波由 $\varepsilon_r=2.56$，$\mu_r=1$ 和 $\sigma=0$ 的介质入射到空气中。问：(1)波能否全部折射入空气中，若能，其条件是什么？(2)波能否全部反射回介质中，若能，其条件是什么？(3)当波从空气中斜入射到介质中，重答(1)和(2)。

6-27　垂直极化的平面电磁波由 $\varepsilon_r=2.56$，$\mu_r=1$ 和 $\sigma=0$ 的介质斜入射到空气中。问：(1) 波能否发生全反射现象，为什么？(2) 波能否发生全折射现象，为什么？(3) 当波从空气中斜入射到介质中，重答(1)和(2)。

6-28　证明：电磁波垂直入射到两种无损耗媒质的交界面上时，若其反射系数与折射系数的大小相等，则其驻波比为3。

6-29　一垂直极化波从介质($\mu_1=\mu_0, \varepsilon_1=\varepsilon_0$)斜入射到磁性材料($\mu_2=\mu_r\mu_0, \varepsilon_2=\varepsilon_0$)。试证明：这时也存在一个无反射的布儒斯特角。

6-30 有一个线极化波经介质面全反射后，试证明：反射波电场 $\boldsymbol{E}$ 的平行分量 $E'_{0/\!/}$ 和垂直分量 $E'_{0\perp}$ 之间的相位差为

$$\tan\frac{\phi}{2}=\frac{\cos\theta\sqrt{\sin^2\theta-n_{21}^2}}{\sin^2\theta}$$

式中，$n_{21}=\sqrt{\dfrac{\varepsilon_2}{\varepsilon_1}}$，是相对折射率。

参考文献

[1] 冯慈璋,马西奎.工程电磁场导论[M].北京:高等教育出版社,2000.

[2] 谢处方,饶克谨.电磁场与电磁波[M].2版.北京:高等教育出版社,1998.

[3] 杨儒贵.电磁场与电磁波[M].2版.北京:高等教育出版社,2007.

[4] 王先充.电磁理论及其应用[M].北京:科学出版社,1991.

[5] 徐立勤,曹伟.电磁场与电磁波理论[M]. 2版. 北京:科学出版社,2010.

[6] 马冰然.电磁场与电磁波[M].广州:华南理工大学出版社,2007.

[7] 陈重,崔正勤,胡冰.电磁场理论基础[M]. 2版.北京:北京理工大学出版社,2010.

[8] 曹建章,张正阶,李景镇.电磁场与电磁波理论基础[M].北京:科学出版社,2010.

[9] 王泽忠,全玉生,卢斌先.工程电磁场[M]. 2版.北京:清华大学出版社,2011.

[10] 邬春明.电磁场与电磁波[M]. 2版.北京:北京大学出版社,2012.

[11] 冯恩信.电磁场与电磁波[M]. 3版.西安:西安交通大学出版社,2010.

[12] 徐立勤,曹伟.电磁场与电磁波理论[M]. 2版. 北京:科学出版社,2010.

[13] 冯亚伯.电磁场理论[M]. 西安:西安电子科技大学,1992.

[14] 吴万春.电磁场理论[M]. 北京:电子工业出版社,1985.

[15] 陈梦尧.电磁场与微波技术[M].北京:高等教育出版社,1989.

[16] 李一玫.电磁场与电磁波基础教程[M]. 北京:中国铁道出版社,2010.

[17] 刘岚,黄秋元,程莉.电磁场与电磁波基础[M]. 北京:电子工业出版社,2010.

[18] 焦其祥.电磁场与电磁波 [M]. 2版. 北京:科学出版社,2010.

[19] 卢荣章.电磁场与电磁波基础[M]. 北京:高等教育出版社,1985.

[20] 王月清,华光.电磁场与电磁波导论[M]. 北京:电子工业出版社,2009.

[21] 苏东林,陈爱新,谢数果.电磁场与电磁波[M]. 北京:高等教育出版社,2009.

[22] 王园,杨显清,赵家升.电磁场与电磁波基础教程[M].北京:科学出版社,2008.

[23] 王善进,张涛.电磁场与电磁波 [M]. 北京:北京大学出版社,2008.

[24] 符果行.电磁场与电磁波基础教程[M]. 北京:电子工业出版社,2009.

[25] 邹澎,周晓萍.电磁场与电磁波 [M]. 北京:清华大学出版社,2008.

[26] 皇席椿.电磁能与电磁力[M].北京:人民教育出版社,1981.

[27] 傅君眉,冯恩信.高等电磁理论[M]. 西安:西安交通大学出版社,2000.

[28] 马海武,毛力.电磁场与电磁波[M]. 北京:人民邮电出版社,2009.

[29] 路宏敏,赵永久,朱满座.电磁场与电磁波基础[M].北京:科学出版社,2006.